建筑装饰材料艺术特征在

室内设计

中的创新应用

◎ 王晓宇 著

北京工业大学出版社

图书在版编目（CIP）数据

建筑装饰材料艺术特征在室内设计中的创新应用 /
王晓宇著 . — 北京 ： 北京工业大学出版社， 2018.12（2021.5 重印）
ISBN 978-7-5639-6500-7

Ⅰ．①建… Ⅱ．①王… Ⅲ．①室内装饰设计②建筑材
料—装饰材料 Ⅳ．① TU238 ② TU56

中国版本图书馆 CIP 数据核字（2019）第 021885 号

建筑装饰材料艺术特征在室内设计中的创新应用

著　　者：王晓宇

责任编辑：郭佩佩

封面设计：优盛文化

出版发行：北京工业大学出版社

　　　　　（北京市朝阳区平乐园 100 号　邮编：100124）

　　　　　010-67391722（传真）　　bgdcbs@sina.com

出 版 人：郝　勇

经销单位：全国各地新华书店

承印单位：三河市明华印务有限公司

开　　本：710 毫米 ×1000 毫米　1/16

印　　张：12.25

字　　数：256 千字

版　　次：2018 年 12 月第 1 版

印　　次：2021 年 5 月第 2 次印刷

标准书号：ISBN 978-7-5639-6500-7

定　　价：59.80 元

前　言

建筑装饰材料作为建筑展示自我最直观的表现元素，附着于建筑的空间、结构中，作为内外空间媒介进行表现的同时，也展示着建筑的表情。近些年，设计师将设计的重点转移到材料上。在建筑装饰材料的设计表现被赋予越来越多的关注时，其学术研究也越来越深入。本书着眼于建筑装饰材料，探寻其自身丰富的内涵以及在建筑设计表现中所起的重要作用，试图通过对材料的分析、研究，发现和发掘材料自身更深层次的表现力和所蕴含的魅力，为建筑设计师提供一些新的视野和思路。

本书以建筑装饰材料研究的背景、目的、意义、研究方法以及国内外对建筑材料的研究状况为基础，构建了全书的基本骨架，确立了论述的前提。通过阐述材料的基本知识及其在建筑历史中的产生、发展和演变，认知研究对象在原始状态下的形态、特征以及表现形式，同时关注新型材料的使用和发展。本书力图结合优秀案例，分析探讨建筑装饰材料在建筑中的运用，归纳总结了建筑装饰材料在建筑中运用应着重关注的问题，尤其提出了当前建筑装饰材料应用中存在高档材料的堆砌和滥用、材料的趋同等问题，并对此展开研究，希望对于今后的设计实践具有一定的指导意义。在研究的过程中，总结了材料的艺术表现形式及其设计手法，特别提出了当前建筑装饰材料的表现应赋予生态性、文化性、艺术性等方面的时代特征。本书最后通过对全书的观点、论证进行简明扼要且准确的总结，进一步强调了建筑装饰材料的运用及表现所产生的魅力。

目 录

第一章　建筑装饰设计与材料概述

第一节　建筑装饰设计的含义

一、建筑装饰设计的概念

建筑是人类在改造自然的过程中为满足各种生产、生活需要而有目的地营造的空间环境。随着人类文明的发展、科技的进步和物质生活水平的提高，建筑不仅要满足人们基本的生产、生活的物质需求，还要满足人们日益提高的精神需求，如赏心悦目的环境、适宜的氛围、个性的彰显等。因此，必须对建筑空间进行进一步完善和美化，使其物质功能更加合理，尽可能满足人们日益提高的精神需求。

建筑装饰设计就是通过物质技术手段和艺术手段，为满足人们生产、生活活动的物质需求和精神需求而进行的建筑室内外空间环境的创造活动。建筑装饰是指为使建筑物、构造物内外空间达到一定的环境质量要求，使用装饰装修材料对建筑物、构造物外表和内部进行修饰处理的工程建筑活动。可见，建筑装饰是丰富建筑形象、表达某种设计思想与构件艺术加工部分的重要因素，是建筑造型中不可缺少的手段之一。建筑装饰又是一种普遍的文化艺术现象，每一个时代的历史和文化都在建筑中留下了深刻的印迹，除了在建筑的构造中得到保存之外，大量的信息都凝聚在建筑的装饰中。因此，设计师不仅要在建筑功能方面严谨对待，还要在建筑的外形装饰设计方面下功夫。

所谓建筑装饰设计，就是根据建筑物的使用性质、所处环境和相应标准，综合运用现代物质手段、科技手段和艺术手段，创造出功能合理、舒适优美、性格明显，符合人的生理和心理需求，使使用者心情愉快，便于学习、工作和生活的室内外环境设计。建筑装饰设计在生活中的作用包括以下两个方面：①物质功能，最大限度地提供现代科技的先进成果，以满足人们对室内外空间环境的要求；②精神功能，为人们进行精神环境方面的审美形式的创造，营造出一种氛围，表现不同的情调与内涵。建筑装饰设计必须做到物质为用，精神为本，用有限的物质条件创造出无限的精神价值。

不能把建筑装饰设计简单地等同于建筑装潢或建筑装修。装潢是指对器物或商品外表的修饰，建筑装潢着重从视觉艺术的角度来研究建筑室内外界面的表面处理，如界面的造型处理、界面装饰材料的质感和色彩等，其中也涉及家具、陈设的选配问题。建筑装修主要是指建筑工程完成之后对地面、墙面、顶棚、门窗、隔墙等的修饰作业，其更侧重于构造做法、施工工艺等工程技术方面的问题。而建筑装饰设计不仅包括视觉艺术和工程技术两方面的问题，还包括空间组织设计，声、光、热等物理环境设计，环境氛围及意境的创造，文化内涵的体现等方面的内容。

二、建筑装饰设计的目的与功能

建筑装饰设计的目的是以人为本，创造适宜的室内外空间环境，以满足人们在生产、生活活动中对物质与精神的需求。首先，在物质需求方面，使功能更加合理，改善声、光、热等物理环境以满足人的生理要求，使生产、生活活动更加安全、舒适、便捷、高效。其次，在精神需求方面，创造符合现代人审美情趣的、与建筑使用性质相适宜的空间艺术氛围，保障人的心理健康，彰显个性，表现时代精神、历史文脉等。

建筑装饰设计的任务就是根据建筑物的使用性质，通过分析建筑空间的使用功能、环境、建设标准、物质技术条件等多种因素，综合运用工程技术手段（材料、设备、构造方法、施工工艺等）和艺术手段（均衡、比例、节奏、韵律等形式美的法则），创造出满足人们生产、生活活动的物质需求和精神需求的室内外空间环境。

建筑设计是形式与艺术的完美结合，这是从建筑的美学上来讲的。另外，按工作程序分类，建筑设计一般分为初步设计和施工图设计两个阶段，特殊的大型建筑、复杂建筑在两个阶段之间还要增加技术设计阶段，以便协调和解决各种技术问题。初步设计又称为方案设计，其主要任务是初步解决建筑空间组合、流线组合、结构选型、形体造型等问题；技术设计又称为扩大初步设计，其任务是在方案设计的基础上，协调和解决建筑、结构、水、暖、电等问题；施工图设计是扩大初步设计工作的深化，需要综合解决结构选型、材料构造、水、暖、电、设备及管线配置等问题，提出建筑设计文件，为建筑施工做好技术准备。

中国传统建筑装饰拥有悠久的历史，在其漫长的发展过程中，产生过大量具有鲜明艺术特色的装饰形式和作品，作为中国传统建筑及造型艺术领域重要的组成部分，它也表现出深远的艺术、文化与社会意义。我们在解读历史上任何一种类型的建筑时，都不可能将装饰因素排除在外，因为装饰与建筑的空间、构造一起构成了一个完整的主题。装饰总是与功能联系在一起的，从某种意义上说，不存在没有功能的装饰，也不存在没有装饰的功能。建筑装饰的功能可以概括为以下几个方面：

（一）审美功能

自从人类的审美意识产生以后，人们使用装饰的目的首先就是创造审美价值。建筑中的装饰艺术一直没有中断过，并且有着不同时代的风格印迹，有时装饰艺术甚至成为整个时代艺术的中心。现代建筑中的装饰艺术渗透了多年来的美学思想，也代表了所处时代追求的风尚，能够为人们提供视觉和心灵上的美感。

（二）调节功能

装饰在建筑的构造和形式中，可以起到调整比例、协调局部与整体关系的作用。建筑中的雕刻、纹饰、色彩、线脚以及构件排列、组合秩序等，都成为我们判断和理解建筑风格、类型和文化内涵的重要信息，人们的社会意识、信念和价值观通过这种形式体现出来。无论是古代建筑还是现代建筑，都充分发挥了装饰的这种功能，利用装饰性的构件调整和划分建筑的比例关系，对材料和形式的转换起到过渡作用。

（三）突出与强调功能

装饰由于自身的特点，具有很强的表现性，可以使建筑的主题或某种艺术的含义凸显出来，形成视觉上的显著点，而这些显著点往往就构成了建筑中的"点睛"之笔，产生深刻的感染力。一方面，建筑装饰给人们带来审美上的愉悦和情感上的震撼力，传递着特定的历史和文化信息；另一方面，由于这些装饰的存在，其所产生的特定形式和秩序揭示了建筑风格的类型特征，对文化环境、城市建设和发展产生深刻的影响。

（四）符号与标志功能

建筑中的装饰常常是历史和文化信息的主要承载物。透过这些建筑装饰，人们可以阅读到一个时代的全部信息，包括信仰、道德、技术和情感等。用符号学的理论来阐释装饰的功能是恰当的，因为建筑中的许多装饰可以被理解为信息代码。它们包含着大量的历史信息，人与建筑之间的交流就是通过解读这些代码而获得对建筑含义的理解。建筑装饰作为一种文化符号，具有指代功能，使用一种装饰就可能会让观赏者阅读出"被指"的意义。当然，观赏者解读到的意义未必就是设计者所要表达的东西，但这并不妨碍它存在的意义。只要人们尊重它的文化背景，正确地领悟到它的含义是可能的。这种功能可以加深人们对建筑主题的认识，使建筑的品格在人们的心灵境界中得到升华。

三、建筑装饰设计的分类

依据研究对象的不同，建筑装饰设计可分为室内设计和建筑外部装饰设计两大类。依据建筑类型的不同，建筑装饰设计可分为居住建筑装饰设计、公共建筑装饰设计、工业建筑装饰设计、农业建筑装饰设计。依据建筑类型进行分类的目的是使设计师明确建筑空间的使用性质，便于设计定位。不同类型建筑的主要功能、空间的设计要求和侧重点各不相同，如展览建筑对文化内涵、艺术氛围等精神功能的设计要求比较突出；观演建筑的表演空间则对声、光等物理环境方面的设计要求较高；工业、农业等生产性建筑的车间和用房更注重生产工艺流程以及温度、湿度等物理环境方面的设计要求。即使是使用功能相同的空间，如门厅、电梯厅、卫生间、接待室、会议室等，其设计标准、环境气氛也应根据建筑的使用性质不同而区别对待。

建筑设计的工作条件及依据包括：①项目建设内容、规模、设备设施配置等技术经济资料；②项目所在地区的降雨降雪、风向风速、气温日照等气象资料；③项目建设用地的基础承载能力、地下水位与冻土层标高、地震烈度等地质水文资料；④《城市规划法》、《现行建筑设计规范大全》、建筑技术设计规范等法律法规资料。建筑设计一般遵循空间合理、流线紧凑、结构安全、构造适用、造型简明、构图完整等基本原则。

室内设计既包括人的社会生产、生活两方面，又包括物质和精神两种因素。它的任务在于利用现代先进科学技术，运用人的聪慧和艺术才智，创造出一种优良的室内环境，以达到满足人们的物质和精神生活需要和最大限度地调动人的生理、心理的积极因素，促进人们在生产、工作、学习中充分发挥自身的创造能力的目的。在理解室内设计的目的和任务时，不能脱离建筑设计的总体概念。

在宏观上，室内设计与建筑设计的概念在本质上是一致的。如果说它们之间有区别的话，那就是建筑设计是创造总体综合的时空关系，而室内设计则是创造建筑内部的具体时空关系和环境，二者的关系十分密切。实际上，在建筑设计过程中，就已经有了对室内空间的构思，从而为室内设计创造了前提条件。而室内设计则是在了解建筑设计意图的基础上，运用室内设计手段，对其加以丰富和发展，最后创造出理想的室内空间环境。但笔者认为，室内设计与建筑设计的这种总体和具体关系，并非意味着室内设计只能消极和被动地适应建筑设计的意图。作为室内设计师，完全可以通过巧妙的构思和丰富多变的高超设计技巧去创造理想的室内时空环境，甚至可以在室内设计的过程中，利用特殊手段改变建筑设计中取舍关系上产生的某些缺陷和不足。

室内设计独立于建筑设计以来已经有了很大的发展。在室内设计过程中，应尽全力创造服务于人们社会生活、家庭生活的理想时空环境，同时也要时时处处着眼于各种技术和艺术的实体构成。但是，也要明确设计中真正追求的应当是完美的"虚体"时空环境构成。也就是说，在室内设计中，技术和艺术的"实"是手段，达到理想"虚"的生活空间环境才是目的。

北方最早的建筑居住形式在《易经·系辞》中记载"上古穴居而野处"。大自然造化之功奇伟壮丽，雕琢出无数晶莹璀璨、奇异深幽的洞穴，展示了神秘的地下世界，也为人类的长期生存提供了最原始的家。穴居是当时的主要居住方式，它满足了原始人对生存的最低要求。进入氏族社会以后，随着生产力水平的提高，房屋建筑也开始出现。随着原始人营建经验的不断积累和技术的提高，穴居从竖穴逐步发展到半穴居，最后又被地面建筑所代替。

南方最早的建筑居住形式与北方流行的穴居方式不同，南方湿热多雨的气候特点和多山密林的自然地理条件孕育出云贵、百越等南方民族"构木为巢"的居住模式。此时原始人尚未对这种"木构"建造有明确的意识，只不过是随钻木取火、劈砸石器等无意识的条件反射而诞生的一种社会行为，严格地讲，这还不能算建筑。而居住场所内部空间的形式也仅仅满足基本的居住需要，还谈不到室内设计的问题。

随着经济的发展和城市的形成，建筑设计思想有了显著的发展和倾向性，逐渐形成了建筑设计体系。对于建筑所形成的室内空间，即与人接触更为亲密和直接的内部环境，就必然会让人不仅考虑其使用上的合理性，还要思考对精神层面的追求。

人类发展的历史不断地把人类文明推向一个又一个新的阶段。现代社会人类的精神文明程度达到了空前的水平，并且日益渗透到人类生活的各个领域。所以在室内设计领域里，我们除了要满足人们的物质生活要求外，还应满足人们更高的精神生活要求。例如，一个居室的高度从单纯使用功能来说2米高也许已经够用了，但是任何建筑都没有把居室设计成2米的高度。因为人们除了生理上的实际要求外，还有精神上的要求。但是如果把居室的空间增高到 6 米，就会使人感到空旷；如果把它降至 3 米我们就会感到亲切、平易；如果把高度降到 2.5 米以下，我们就会感到压抑和沉闷了。这就是纵向空间带给我们的不同心理感受。

室内设计的最低目标就是要提高室内环境的物质条件，以提高物质生活水平。这似乎已经不再是一项要求，而逐渐变为室内设计的前提，是必须做到的。其最高目标就是提高室内环境的精神品格，以增强灵性生活的价值。但这些又不仅仅是室内设计的目的。从建筑设计的开始到建筑的成形，整个过程中建筑师也在从城市设计的范围中思考着这样的问题，并且在解决功能的时候尽可能地适应室内设计的目标。就其二者不可分割的统一性来讲，建筑设计和室内设计在社会目标和审美取向上都有着一致性和共性。

在前面的叙述中，提出的一个论点"室内设计是建筑设计的继续和深化"。同样，"适用、经济、美观"的建筑设计原则也就成为室内设计的原则了，这就引出了室内设计的实用功能。它反映了人对实用空间的舒适、方便、安全、经济、卫生等各种使用上的要求，也可以说是人类对于建筑空间的基本要求或最低要求。如古语曰："人之不能无屋，犹体之不能无衣，衣贵夏凉冬暖，房舍亦然。"这是古代建筑师对建筑空间功能认识的写照。就单个房间的室内设计而言，室内设计的各种要素的安排和布置也必须服从人的使用要求，即室内设计中的实用功能。应用现代科技的先进成果以最大限度地满足人们的各种物质生活要求，从而提高室内物质环境的舒适度和效能，即主要是满足人的生理方面对室内环境的要求。

室内设计应做到以物为用，以精神为本，以有限的物质条件创造出无限的精神价值。对于室内设计还应注意，由于不同的对象有不同的要求，室内设计也有不同层次的表现（普及性和提高性）。

对于室内个体空间的形态，因空间界面的自身形状和组合状态不同而形成各种不同的形态，形态的不同对人产生的心理影响各异。例如，三角形的室内空间形式让我们感觉有向外扩散和上升或提高的感觉，很多教堂类建筑多采用这种空间形式；棱柱形空间的方向感很强，常常用作会议厅；矩形室内空间形式比较完整，容易让人停留，可以用于休息室和居室。建筑是城市中的"室内环境"，城市设计即人文设计，也是人道设计。所谓"人文"，注重的是历史和文化传统；所谓"人道"，注重的是人的本性。城市设计即回归人的全部现实生活，为人们创造一个舒适、方便、卫生、优雅的物质空间环境和精神文明环境。城市设计的目标是空间形式上的统一、综合效益上的最优化和社会生活上的有机协调。

由此可见，室内设计不单纯是建筑设计的延伸，而是建筑进一步深化的过程。而建筑设计又不能够脱离室内设计而存在，要考虑室内环境的功能和精神因素。

因此，室内与室外设计的关系不是对立的，建筑的室内和室外设计需要整体协调以达到统一的效果，这不仅仅是空间上的联系和变化，还应注重室内与室外在材料上的必然联系和差别。运用材料美学的表现力更好地服务于建筑室内外整体的关系更具有社会现实意义。

第二节　建筑装饰材料的定义及特点

一、装饰材料的定义

建筑装饰材料又称建筑装饰立面材料，它在建筑中的运用直接影响建筑的最终形态。正如建筑师彼得·卒姆托所言："当我开始做设计时，我第一个想到的是要用何种材料来进行建造。我认为建筑的本质就是材料。它与图纸无关，与形式无关，而只关乎空间和材料。"

材料涉及的范围很广，不仅包括传统的装饰材料，如装饰石材、陶瓷等，也包括化学建材、纺织材料和各种复合材料等。近些年，随着我国经济的快速发展和人们生活水平的提高，可持续建筑装饰材料迅猛发展，品种琳琅满目。

在实际设计项目中，材料的选择与使用方案是多种多样的，但是我们在选择材料时不仅要满足空间设计的基本要求，还要表现出抽象、感性的空间氛围以及表达出建筑的地域和文化特征。因为建筑材料是一种可以改变人们在建筑空间内的自身感受的载体，我们可以充分利用材料的文化特质以及材料对空间形象、风格、氛围、文化的塑造作用达到创造性使用材料的目的。因为材料本身就被赋予了质感及文化特质，它们的表面特征往往决定了空间的根本特征。

伴随着科学技术的发展，材料的本质特性也发生了变化，使得饰面材料的选择面更为广阔，在相同环境下，可选用不同材料带给人们不一样的感受。由于空间之间的相互渗透，室外的材料也慢慢在某些地方延伸到了过渡空间甚至室内。这种变化来源于材料工艺的变化，也来源于空间视觉效应的变化。顺应这样的变化，并且更好地发挥材料室内外的转化效果，能够极大地丰富和改变我们建筑室内外的观感效应。

古往今来所有新型材料的诞生和发展都依赖于科学技术的进步和提高。科学的进步会带动新型材料的诞生，技术的发展直接影响材料的加工处理和发展。中国古代和外国古代使用的建筑材料分别是木材和石材，取材的主要原因是技术水平、环境因素以及材料的来源。另外，还与民族的文化背景和当时社会的精神追求息相关。精神需求和技术水平促生了建筑形式和功能效果。在建筑的发展过程中，材料的变化也表现在工艺和技术水平的变化中，并且材料的表面效果也由于材料的本身属性而显现。古波斯的夯土建筑由于是土的建筑，就需要在功能上做防水处理，马赛克的技术就应运而生，目的是解决建筑的防水问题，同时还起到建筑的美观作用。生产技术的产生、发展和提高，技术水平的提升，都会促进加工工艺发生变化，加工工艺的变化和发展会直接影响建筑材料的使用。某种建筑材料的变化既与技术水平的变化相关，又与文化的继承和发展相关。水泥的诞生颠覆了建筑的手段和方法，钢筋混凝土的出现又给建筑行业带来了革新。混凝土的表面处理手法又是由审美的要求逐步改善和变化的。回顾历史上建筑形式的重大变革，都是建立在科学的发展上的，都是由于技术的提高而带来了变化。因此，科学技术的发展必然带动建筑材料的变革，建筑饰面材料也受科技发展的带动和影响。

建筑形态、建筑造型以及结构形式都会使用材料来表达建筑的形体，所以材料语言是建筑设计的重要组成部分。当然，任何一种材料都不能孤立的存在和利用，在建筑活动中材料之间也就产生了必不可少的对话与沟通。多与少的对抗、厚与薄的选择将会伴随建筑设计活动的全过程。

二、装饰材料的特点

室外装饰材料相对有一定的尺度体量，在功能上一般解决防水、防潮、遮光、吸收紫外线、隔热等问题，在视觉感受上通常有一定的观看距离，属于远距离的饰面欣赏效果，一般不会与人发生身体接触。室内装饰材料尽管也要解决防水、防潮、隔热等问题，但无论从尺度上还是视觉效果上都和室外装饰材料有着一定的差异。室内材料是与人亲密接触的，因此除了具有小体量、小尺度的特点，同时还由于与人亲密接触，不仅要解决近距离的观赏效果问题，还要解决材料本身给人的舒适度问题。因此，从这两方面讲，室内外装饰材料既有着相似的功能作用，又由于与人的亲近程度不同而存在着差异。

室内外材料的装饰特性是指装饰材料除了具有物质方面的结构功能之外，应具有精神方面的功能，即对人的视觉、情绪、感觉等精神方面产生影响。除色彩之外，材料的装饰特性还包括光泽、透明性、形状与花纹以及质感四大特性。在选用装饰材料时，应重视装饰特性，以便通过巧妙地运用，呈现丰富多彩的装饰效果。

装饰材料具有色彩，色彩具有视感作用和情感作用。色彩的视感作用是指由于物体色彩的作用对人的视觉所产生的温度感、重量感和距离感等感觉。这些感觉在人们的日常生活中十分普遍，因而对选择装饰材料有较大的实用价值。温度感可以用暖色和冷色来划分，红色、黄色和黄红色为暖色；蓝色、绿色、紫色、蓝绿色为冷色。重量感可以用重色与轻色之分，深颜色是重色，浅色是轻色。同时还与明度有关，色彩的明度越低，就越感到色重；明度越高，就感到越轻。距离感有前进色（感觉距离比实际距离近一点）和后退色（感觉距离比实际距离远一点），其变化范围可达 6.5cm。色彩的情感作用是指人们对色彩的喜爱，以及由色彩产生联想而影响到情绪。例如，黄色使人们产生温暖、华贵的感觉，从而引起情绪上活泼、明朗的效果；红色使人产生兴奋、激动的感觉，可引起情绪上动情、热烈或冲动的效果……此外，不同的颜色还可以引起人们情绪上的不同反应，如室内采用很深或对比度很强的颜色容易引起人们的疲劳感；采用浅绿色、淡蓝色或象牙色等颜色，会给人们以柔和、淡雅、舒适的感觉，可以减轻人们的疲劳感。

著名建筑大师贝聿铭先生曾经说过："每一个建筑都得个别设计，不仅和气候、地点有关，当地的历史、人民及文化背景也都需要考虑。这也是为什么世界各地建筑各有独特风格的原因。"建筑装饰是一种造型手段，但是这种手段又有着丰富的实现形式，要通过建筑本身的构成部分来美化建筑，努力推敲形体组合、比例关系、材质运用和细部处理，使建筑显得简洁明快，而不是利用许多装饰把建筑装扮得繁杂华丽。建筑造型中的装饰在于表达构图的主题，形成趣味中心。大面积的填空补白、转角处的过渡衔接、线型构件的起头煞尾和建筑构件的美化加工等，都要求用装饰来丰富建筑造型。设计师应该合理而巧妙地利用不同材料，并且经常注意材料的变化，尽量使用最新的环保材料和地方材料，作为创造健康、安全、优美的室内生活空间的基本保障。建筑装饰要根据装饰材料的特点，充分发挥各自的特长。如砖石这些普通的建筑材料在砌筑过程中所形成的纹理、凹凸变化和光影效果，对于美化建筑形象起到了良好的作用。室内外的装饰在尺度上、色调上和细致程度上都要加以区别对待。室内宜细致，尺度较室外小，光源与色调宜单纯、柔和。室外宜大，轮廓概括，色彩鲜明，并考虑远近及透视效果。例如，应用大面积的玻璃装饰于建筑物的外立面，通过建筑师的构思，并利用玻璃本身的特性，使建筑物显得光亮、明快和挺拔，别具一格，与其他装饰材料相比，给人一种全新的体验。

由于人们所处地区的地理、气候条件的差异，各民族生活习惯和文化传统的不同，在建筑风格上确实存在着很大的差别。我国是一个多民族国家，由于各个民族的地区特点、民族性格、风俗习惯和文化素养等因素的差异，使建筑装饰设计也有所不同。在考虑外部装饰设计方案风格定位时，需要考虑当地的风土人情、周边的建筑特点和风格，使建筑融入当地的环境及文化。另外，建筑作为造型艺术离不开色彩，色彩的处理能够为建筑本身增添无穷的魅力。建筑的外观形象由于受到实用、经济等多种条件的制约，往往难以实现人们的审美理想。色彩对于建筑形象的某些不尽完善之处可以进行调节。在现代建筑造型设计中，可以把建筑中的某些部件（如门廊、檐口、勒脚和阳台等）用色彩加以强调，纯朴的色彩把许多看似复杂的线条归纳整理，使整个建筑形象产生统一而不单调的效果。色彩的远近感差异可以使同一平面上的不同色彩在人们的感受中形成前后的距离。亮色调、暖色调具有前进的感觉，暗色调、冷色调具有后退的感觉。建筑师可以根据这些原理，利用适当的色彩组成调节建筑造型的空间效果，创造空间层次，增加造型的趣味性和丰富感。合理运用建筑色彩还可以使单调、呆板的建筑富有生气，使厚重的墙体变得轻盈。当然，建筑色彩的运用还要考虑建筑材料所能表达的色彩范围和施工技术条件。

室内空间是由地面、墙面和顶面围合而成的，从而确定了室内空间的大小和形状。室内装饰的目的是创造实用、美观的室内环境，室内空间的地面和墙面是衬托家具、陈设的背景，而顶面的差异使室内空间更富有变化。顶棚、墙面和地面共同组成室内空间，共同创造室内环境，设计时要注意三者的协调统一，在统一的基础上应各具特色。具体来说，基面在人们的视域范围中非常重要，地面和人接触较多，视距又近，而且处于动态变化中，是室内装饰的重要因素之一。地面要与整体环境协调一致，取长补短，衬托气氛。从空间的总体环境效果来看，地面要与顶棚、墙面装饰协调配合，同时要和室内家具、陈设等起到互相衬托的作用，还要注意地面图案的划分、色彩和质地等特征。另外，地面装饰时要注意地面的结构情况，在保证安全的前提下给予构造、施工上的方便，不能只是片面地追求图案效果，要满足诸如防潮、防水、保温和隔热等物理性能的需要。地面的形式种类较多，如木质地面、块材地面、水磨石地面、塑材地面和水泥地面等，而且图案样式繁多，色彩丰富，设计时要与整个空间环境一致，相辅相成，以达到良好的效果。在室内空间里，墙面的装饰效果对渲染、美化室内环境起着非常重要的作用，墙面的形状、图案、质感与室内气氛有着密切关系。在墙面装饰时，要充分考虑与室内其他部位的统一，要使墙面因其使用空间性质的不同而有所差异。顶棚是室内装饰的重要组成部分，也是室内空间装饰中最富有变化的界面，其透视感较强，通过不同的处理，再配以灯具造型，可以增强空间的感染力，使顶面造型丰富多彩，新颖美观。因此，顶面的装饰应满足适用、美观的要求。一般来说，室内空间装饰宜下重上轻，注意顶面装饰要简洁完整，突出重点，同时造型要具有轻快感和艺术感。当然，顶面装饰应保证顶面结构的合理性和安全性，不能单纯追求造型而忽视安全。

在现代商品经济大潮中，美化人的生存环境已成为改善生活质量的基本要求。家居装修的目的是运用设计手段和装饰材料，给人创造一个舒适、实用、安全、健康和优美的室内环境。家居装修既要满足使用功能的要求，又要满足视觉、听觉和触觉等生理和心理上的享受。好的居室装修设计与高额费用并不成正比，过度使用高档材料，一味追求富丽堂皇，不仅会造成经济上的浪费，还会带来视觉污染。应该多运用低价位的装饰材料、新颖的设计手法和大胆的色彩变化，去营造温馨大方的居室风格。家居软装饰一般是通过装饰织物来表现的。装饰织物泛指地毯、挂毯、壁挂、帘幕织物及床上织物、靠垫等，材料有棉、毛、麻和化纤等，它们具有吸湿、隔声、温暖、柔和以及富有弹性等特性。装饰织物作为一种能体现文化内涵的特殊装饰材料，应该充分发挥其在居室空间中的视觉美、触觉美、功能美，营造一个"时尚化""个性化"的居室环境。总之，室内设计作为一门综合性的学科，涉及的内容很多，各个界面的装修只是其中的一部分。它的最终目的是创造一个良好的室内空间环境，并用它来衬托家具、陈设和绿化装饰等，而真正的主角是居住的人，所有的建筑装饰都是为居住者服务的，是以人为本的。

三、装饰材料特性的变化

装饰材料特性的变化主要是伴随着科技的发展而产生的。工艺的改变使得材料的物理性质发生了变化，涂料的广泛运用也改变了材料的性质。任何一种材料都有与其最适合的使用用途，任何歪曲和试图强行改变其用途的行为最终都不能收到好的效果。而如今，我们可以通过视觉上察觉不到的办法来改变材料的适用范围，极大地丰富和加强了材料的多样性和不唯一性。

伴随着科学技术的发展，也带来了材料本质特性的变化。很多以前不能够运用在某些地方的材料，现在也完全打破了陈规，使得装饰材料的选择面更为广阔，极大地丰富了相同条件下不同的表达方式。例如，以前不会大面积运用在室内的钢板材料通过一定规律的打孔，在透光下显示出不同的光感条件，使得这样的一个酒吧在不影响空间条件下增添了许多光影的变化，让空间氛围更具特色。又如，木材由于防腐、防潮、防虫害的处理办法的改变，可以运用室内木材拼接的方式直接用在与户外条件直接接触的部位，从而获得新的建筑形象观感。

装饰设计是一门综合性很强的学科，涉及社会学、心理学和环境学等多种学科，还有许多技术需要去探索。在建筑装饰设计和装修过程中，应该统筹全局，因地制宜地对建筑及其环境进行科学、合理的规划，营造有利于我们身心健康的绿色环境，在建筑美化的同时体现出建筑设计的真正价值，最终达到美化城市的目的。

第三节　建筑装饰材料在建筑中的发展历程

一、装饰材料在国外的发展历程

文艺复兴时期，宫殿、城楼、宅邸、别墅、医院、剧场、市政厅、图书馆等世俗性建筑的兴盛，取代了宗教建筑一统天下的局面。这些建筑大量采用古希腊、古罗马建筑的梁柱式，整体设计的基本原理是对称和均衡，建筑的外观呈现明快而笔直的线条。其中艺术建筑家阿尔伯蒂的十卷《建筑论》把实用、经济、美观相结合而又统一的原则提到了理论高度，这是此前所没有的。

在 17 世纪的欧洲，巴洛克风格的建筑、室内装饰、家具等使用夸张的形式而全然不管其功能，主要是为了显示拥有王公贵族的社会地位和品位，仅注重装饰而已。到了 17 世纪后期，法国创办了绘画、雕刻和建筑学院后，巴洛克艺术又和学院派结合起来，成为宫廷建筑的主要风格。随着生产的机械化，工业和工业技术的飞速发展，昔日主要的建筑材料石头和砖被钢铁、玻璃、混凝土等新型材料所代替，并开始大量地运用在建筑的构造和装饰中。另外，少数前卫的建筑师与技术师也在探索适合社会生活的现代化建筑设计。1851 年，约瑟夫·帕克斯顿设计了用钢铁和玻璃构成的"水晶宫"以及 1889 年巴黎世博会建造的"机械馆"，都是因新的可持续材料与技术、新的姿态而备受仰慕。

1970 年日本大阪思博会上由大卫·盖格设计的一座充气式膜结构建筑——美国馆横空出世后，新型可持续膜结构材料在全世界得到了快速的发展与运用。

材料与建筑的关系紧密相连，它们之间一直存在互补的关系，但是在此之前，材料与设计的结合从未被明确过。一直以来，材料从未被作为一个单独的学科而进行研究分析。

20 世纪以前，材料被更多讨论的是地域和空间的感觉和建筑该以什么方式出现在人们的眼前。而建筑师也倾向于在当地找到合适的可持续材料建造建筑。例如，19 世纪早期托马斯·杰斐逊使用弗吉尼亚红色黏土制造了有特色的砖块，用来表现建筑的特色。到了 19 世纪 80 年代美国人亨利·霍布森·理查德森使用石头来表达纪念性和永久性的理念。

在 19 世纪中叶欧洲的建筑师亨利·拉布鲁斯特非常直观地提出了材料主义的实用观点，在当时获得了建筑设计界的广泛支持与关注。在他设计的巴黎圣吉纳维夫图书馆中使用了一种对大型公共建筑而言更为新颖的、科技的钢铁材料。随之出现的就是约瑟夫·帕克斯顿设计的伦敦博览会大厅——水晶宫了。大面积的玻璃与铸铁的出现也不断改变了建筑设计的形制与技术。

材料与设计的融合在 20 世纪得到了快速的发展。早期现代主义的设计者们通过使用可持续材料以便达到他们的设计理念。20 世纪早期，奥古斯特·佩雷开始在法国使用钢筋混凝土来表达一种新的建筑风格。在美国，弗兰克·赖特在伊利诺伊州的橡树公园设计了联合教堂以及广为人知的位于宾夕法尼亚州的熊跑溪流水别墅，在这个建筑中第一次使用了现场浇筑混凝土。后来，勒·柯布西耶大量使用混凝土材料设计建筑，以求整体与雕塑的厚重感。

与此同时，密斯·凡·德·罗也在积极推广钢与玻璃材料结合的建筑，由此创造出超现实主义的极简主义风格建筑。这种可持续材料的构造方式一直沿用到今天。不过，建筑技术的更新与发展不断改变着可持续材料在建筑中的应用方式。

二、装饰材料在国内的发展历程

在世界建筑史上，我国古代建筑具有卓越的成就和独特的风格，以其鲜明的特点而自成体系。木构架建筑体系是我国古建筑的正统，有着极强的生命力、适应性、包容性和独特性。中国古代建筑的成就一方面表现在施工技术上，另一方面表现在细部装饰上。建筑装饰在中国建筑特征形成过程中起着至关重要的作用。匠师们利用木构架的特点创造出了庑殿、歇山、悬山等屋顶形式，又在屋顶上塑造出滴水勾头、宝顶、走兽等独特的艺术形象，形成一种模式化的加工手法。在色彩方面，人们利用建造材料的本色美和人工色彩相结合的手法，特别利用玻璃、油漆的不同色彩，创造出具有鲜明特点的色彩环境。另外，人们还将绘画、雕刻、工艺美术的不同内容应用到建筑装饰中，极大地丰富了建筑艺术的表现力。

（一）原始社会时期

原始社会的建筑装饰材料以木材为主。中国发现的最早的人工原始建筑可以追溯到浙江余姚河姆渡时期。陕西西安半坡遗址是已发掘出的一个原始村落遗址。

（二）奴隶社会时期

商朝时期的建筑材料主要是夯土，这时的技术已非常成熟，已建造了许多宫殿、宗庙和陵墓，它们都是建在高约 80 厘米的夯土台上，夯土台上一般有一座八开间的殿堂，周围回廊环绕，展现出了廊院式建筑的效果。

西周时期，建筑材料出现了瓦(板瓦、筒瓦、人字形断面的脊瓦和圆形瓦片)，它的出现解决了屋顶的防水问题，它是中国古代建筑史上的一个重要进步。至西周中期已出现了全部为瓦屋顶的大型木框架房屋，四周的夯土墙只起着保持稳定和围墙的作用。

（三）封建社会时期

春秋战国时期已在抬梁式的构架建筑上施彩画，并反映出在用色方面的严格等级制度。春秋战国时期的屋顶已大量使用瓦覆盖，屋檐处的瓦当无疑是人们进行建筑装饰的重点，其上的花纹比东周时期的要复杂，且立体感更强。

秦汉时期，秦始皇统一天下，在咸阳大建宫室，有由复道、雨道相连的上百座宫殿，组成造型丰富的总体形象。魏晋南北朝时期，基本上继承和沿用了汉代的建筑及装饰形式。由于佛教文化的不断传入，中国宗教建筑有了进一步的发展，出现了高层佛塔建筑，同时印度、中亚一带的绘画、雕刻技术不断影响着这一时期建筑装饰材料的形态。这一时期开凿了云冈石窟和龙门石窟，与敦煌莫高窟共同组成了中国的宝贵石窟艺术库，是中国佛教艺术巅峰时期的经典作品。石窟内雕饰华丽，颜色非常丰富，是研究中国建筑材料的宝贵资料。同时石窟艺术的发展对当时建筑的影响巨大，佛教形制的建筑陆续出现。统治阶级大量兴建寺庙、塔楼、石窟等，寺庙经济迅速发展，数量繁多的佛教艺术作品不断影响建筑装饰文化。

唐朝时期的建筑形制具有高度的艺术和技术水平，雕塑和壁画尤为精美，唐代建筑是中国封建社会前期建筑的最高峰，建筑气魄宏伟，严整开朗，形成了一个完整的建筑体系。如今中国仅存4座唐代木构件建筑，全部都在山西省境内。

北宋以来，大跨度的木构拱桥不断涌现。这一时期的建筑风格更加柔和绚丽，装修、彩画和家具经过改进已基本定型，有了一些室内布置形式，木、砖、石结构有了新的发展。宋代是中国封建社会建筑发生较大变化的重要时期。建筑从外观到室内与装饰有机结合是宋代最为显著的特点。在建筑技艺不断进步的基础上，非常重视刻画建筑细部。工艺细致而生动的壁画和雕刻装饰对后来的民间建筑装饰有着极其重要的影响。

明代时期的建筑风格继续继承中国古代建筑的传统工艺并不断发展，创造了中国古代建筑艺术的巅峰，其中青砖开始被广泛应用。江南一带的"砖细"和砖雕加工已很娴熟。随着制砖工艺技术的不断发展，随后出现了用砖拱砌筑成的建筑物，称为无梁殿。同时，砖与瓦的制造工艺质量也大大提高，色彩更加丰富多彩。元、明、清时期，柱子一般以朱色柱为主，有时会绘以彩画，或雕刻，如故宫太和殿藻井下的4根盘龙金柱。

新中国成立以来，特别是改革开放以来，建筑行业快速发展，各种新型建筑材料被研发并使用，陶瓷材料已发展到了上百个品种、几千个花色。特别是纳米材料的出现，更加拓宽了可持续建筑材料的道路。国家体育馆鸟巢的"钢筋铁骨"全部使用国产钢，填补了国产钢的空白。鸟巢是世界上跨度最大的钢结构建筑，向全世界展示了中国科技的进步与创新。

总之，随着中国古代建筑的发展，建筑装饰材料也逐渐发展起来。首先是木材，由于中国古代建筑常为木框架结构，木材被广泛应用；其次是砖，中国建筑又是以木框架与砖的混合结构较多，砖包括花纹转和大块空心砖、青砖、青瓦、贴面砖，还有琉璃瓦、琉璃砖、琉璃等。这些材料都是人们非常熟悉的传统材料。

今天，我国的装饰材料已经成为建筑建造过程中令人惊叹与折服的不可缺少的部分。例如，杜邦公司等一些国际化大公司正不断开发新材料、新工艺及原材料的新用途。以前材料对于建筑师而言只是一种工具，但是现在已成为一种表达设计思想的重要组成部分。

三、装饰材料对我国建筑设计发展的积极作用

随着工程与技术的进步，材料已迈入了一个新的台阶，在此领域有许多创新材料得以运用与发展。例如，塑料材料的技术性发展，还有彩色混凝土的广泛研究与运用，极大地丰富了建筑设计的思维。在可持续发展与绿色环保概念的推广下，材料的可持续发展与绿色的特质已经成为主流，从而也推动了复合材料的技术更新，不断呈现出既能代替传统材料且性能与技术优于传统材料的特质。例如，聚碳酸酯材料既有玻璃的特性又可以变幻出半透明的效果，它具有尺度大于玻璃，质量远轻于玻璃，易于施工等一系列优异的特性。同时它又是一种环保、绿色、可持续发展的装饰材料。材料的运用并不是单一的，任何一个建筑都是由多种材料组合而形成的，材料的选择更多的是为了满足建筑风格及特点，什么材料适合哪种风格的建筑需要从建筑的风格、材料的特性、设计师对材料的熟知程度及运用能力组合分析得到的。如何通过材料及构造的运用创造出一个最为理想的建筑形式，就需要设计师拥有良好的知识框架及职业技能，并能总揽全局、统筹把握设计风格及设计效果。

同样，建筑也并不是由材料单独完成的，它还包含了造型的变化、空间的创造、结构的完整等众多因素。因此，一个伟大的设计应该是一种结合了诸多语言要素，并同时满足功能与形式需要的产物。如果仅仅是一味地追求材料的使用而忽视了建筑其他功能的要求，且违背了基本的建筑理念及原则，这样的建筑同样不会受到大众的青睐。世界是一个多样化，并且在不断向前发展的世界，因此人

们对于新鲜事物的探索和追求从来也没有停过。提供给人们各种新奇的空间体验及心理满足是建筑设计师不断追求的目标。当一种建筑形式成为时代主流并被过度运用时,最后带给人们的只能是枯燥乏味的视觉感受及心理感受。因此,需要我们挖掘可以应用于建筑设计的新型材料,或借鉴其他行业的材料获得灵感,将其运用到建筑设计当中。或者对原有材料、构造方式进行重新探索,通过构造创新使建筑产生新的形式。材料都有其独特的性格特征,只要运用恰当,不管它是传统的还是现代的,是价格昂贵的还是便宜的,都能产生很好的设计效果。

如果要对我国建筑装修材料进行分析,其总体情况可以概括如下:早在远古时代,主要以砖石、瓦片、木材为主要建筑构建材料。直到20世纪90年代,新型建筑材料才开始在我国大中城市出现,如上海的金茂大厦、广州的中信广场等。21世纪,中国建筑的新纪元到来了,北京的鸟巢、水立方等建筑展现了钢结构材料技术与膜的结合使用,引导着中国建筑材料的发展方向。上海世博会的成功召开也标志着材料研究与运用在中国创造了一个新的时代。2012年,扎哈·哈迪德设计的广州大剧院是由可持续复合材料成功塑造了一个不对称的、流线型的墙体构造。

现在,我国在装修材料的研究与发展方面取得了巨大的成功。经过我国相关研究人员的努力,大量新型的装饰材料被研发出来,并用于建筑装饰设计中。另外,随着我国建筑装饰行业的发展,建筑装饰材料的发展也上升到了一个更好的阶段,与世界上发达国家的差距将会越来越小。但是,在这纷繁的风格表象之下,却有一个统一的创作的核心,即特定的社会文化环境观念。

随着社会的进步、经济的发展和生活水平的提高,人们更加希望精神文化也能达到一个更高的深度,希望所居住的环境能够舒适、美观、温馨、和谐等。为了达到精神方面的愉悦,有的人购买昂贵的、高档的装饰材料,如名贵板材、天然石材、金属材料等,对其住所进行豪华、精美地装修。这样可能会造成资源的浪费、建筑主体空间的污染和对其自身健康的危害。随着人们对精神生活要求的不断提高,文化因素的影响越来越重要。

随着社会进步和工业化的发展,各种环境问题层出不穷。生态环境保护意识深入人心,环保、可持续发展的材料日益引起现代社会的重视。人们对所处住所的建筑装饰设计不再仅仅是要求其美观,更多考虑的是所用材料对环境、人类自身是否有危害。当前,人们更加注重自身的健康问题,从而对建筑装饰材料的环保问题更加在意,希望自己的家人能够生活在一个安全的环境中。因此,各种各样环保的、绿色的装饰材料越来越受到人们的欢迎。例如,外墙埃特板、碳纤维、塑料等合成复合材料在新建的建筑中的应用越来越广,并且不断以创新性的设计方法应用到现代建筑中去,所以说材料的环保、创新与跨学科的合作随之会使建筑技术达到新高度。

建筑装饰艺术与人类文化一样不断随着社会生产力的进步而发展。在这一过程中，建筑装饰材料所体现出的延续与传承的特性与人类文化的发展特征是一致的。正是这种与文化的同构性，使建筑装饰受其影响，随文化的延承而延承，随文化的变革而变革。从建筑装饰的发展中也可以看出人类文化的发展历程。通过研究历史可知，每个时代的建筑文化都与该时代的社会生产力、人文文化、地域文化背景有着密切的联系，而这种内在的精神文化无一例外地通过人类的再创造与想象而展现出来。

建筑装饰受经济的制约，浪费现象已经逐步消除，逐步向商业化、理性化和情感化等普遍需求过渡，朝着更加健康的方向发展。因时制宜、因地制宜、因人制宜的建筑装饰总原则在新的社会环境下得以推广开来并且发展至今。

当然，我们也可以将许多传统工艺及材料应用到现代建筑中，这样也能产生很好的效果，这就需要设计师拥有丰富的材料知识以及审时度势的判断能力，对于建筑和材料的要求要准确把握，否则会使建筑变得不古不今、风格混乱。创新的道路是需要一定风险的，毕竟流传多年的材料及构造方法是具有合理性的。因此，基于创新的这种风险性，大部分设计师都遵规守旧，只有极少数的设计师愿意打破常规，探索一种不同于以往的材料及构造方法。当然我们也不能凭空臆想，为了创新而打破建筑及材料的基本性质。

随着科技的发展，未来的新型材料会不断涌现，将传统材料结合现代科技材料来表达建筑文化。新的科技材料与传统材料结合运用的方法既能促进材料的发展与创新，又能更好地保护现有的自然资源，同时也为建筑的创新开辟出了不同的方向。材料的结构、纹理与空间形式的结合更能使建筑创造出令人惊叹的动感形态与文化特征。例如，钢材与木材的组合，混凝土与钢材、砖石的结合，陶土与砖石的结合等。新工艺、新技术的不断发展也逐渐改善了材料的浪费与不合理应用，同时对材料的循环利用也起到了积极的推动作用。

同时，现代建筑的创新与研究也不仅仅局限于传统材料的研究应用及高科技复合材料的使用，它还可以被理解为以创新的方式使用已知的材料。例如，玻璃在建筑外立面中的应用已经非常成熟了，但是，由于其自身较脆的特点而不能用于建筑结构中。现在淬火玻璃薄板的应用提升了材料的结构特性，使其具有承载力。所以玻璃结构的建筑也将随之推广开来。钢材与混凝土这样的传统材料在现代建筑中创新运用的案例比比皆是，如建筑师盖里的铝合金板建筑，像一层盔甲一样覆盖在建筑之上，轻盈而惊艳。所以，我们应该在满足建筑功能需求的前提下，应更多地思考材料的创新使用与可持续利用。

第二章 建筑装饰材料的演变

第一节 建筑装饰材料的概念

建筑设计的发展是与人类历史的发展一起前进的，从金字塔到长城，从天安门到白宫，上下五千年，纵横千万里。建筑是最宏伟、最伟大的艺术作品之一，建筑可以包容一切艺术，建筑设计是人类最伟大的文化活动之一。

装饰材料是实现设计意图及进行建筑装饰活动的物质基础。任何设计构想的最终目的都是将虚拟构想变成客观现实。设计师对材料的掌控应如熟练的油画家了解颜料及画布性能一样。色彩多样、功能各异的建筑装饰材料将为设计师的设计提供无穷的想象与实施空间。

建筑装饰材料品种繁多、性能不一，市场可见材料有几千种。有些城市从市场分布上可以看到有"陶瓷市场""钢材市场""板材市场""石材市场""保温材料市场""灯具市场"，等等。综合的装饰材料市场不过是将常用材料进行了整合，而常用材料也有几百种，且各个地区的用材习惯与构造方法也会稍有不同。

建筑装饰材料是集材性、工艺、造型设计、色彩、美学于一体的材料，是品种门类繁多、更新周期最快、发展过程最为活跃、发展潜力最大的一类建筑材料。它发展速度的快慢、品种的多少、质量的优劣、款式的新旧、配套水平的高低，影响着建筑装饰材料的设计运用，对美化城市建筑、改善人们的居住环境和工作环境有着十分重要的意义。

材料原状态即未经使用的材料在市场上的销售状态，我们对于装饰材料完成后的状态描述凭借生活记忆等比较好理解，但对很多材料使用前的状态却不一定熟悉，进入装饰材料市场后可能会一筹莫展，因为很多材料不知道使用前是哪一种，所以不加强材料原状态的认识不利于全面了解材料的性能，这会直接影响实际设计应用。加强材料原状态的认识对于了解材料原状态、原规格及更有创意的使用很有意义，因为材料在确保使用功能的前提下有时可以突破常规用法。通过观察也可以加深对材料规格的了解，可以更加有效地利用材料，避免浪费。而认识材料的施工状态图片可以更好地了解材料性能，如强度、弯曲能力、吃钉力、焊接力等加工性能，也可形象地了解材料能够容易实现的样式、材料不能在什么状态应用。通过对材料施工状态图片的认识，可以为相关材料构造与施工工艺的学习打下基础，如通过对轻钢龙骨石膏板吊顶系统的施工状态图片的认识，就对自攻螺钉、防锈底漆、嵌缝带等基本材料有了具体的认识。

随着中国的经济水平的飞速发展，与国外的文化交流推动了建筑艺术的发展。在建筑材料的研究方面，材料的概念往往与装饰、装修、室内设计的概念联系在一起，服务于人的材料的实用物理功能研究开展已久，而作用于人的材料的审美心理功能研究则刚刚起步。实践证明，材料的视觉特征对人的影响是很大的，而国内目前的建筑材料科学侧重于物理与化学性能的研究，技术经济条件也相对落后，不能与先进的建筑设计理念很好地协调，建筑师往往只能被动地从商业化产品中选择，因而使最终的作品显得粗糙，缺乏细部、个性特征及创造力。

在国外诸多优秀的建筑师在材料的运用上独具匠心，特征鲜明，并形成了相应的设计理念。在设计过程中，很多建筑师对材料的选择是主动性的，通过不断地实验，在对材料的特性有了深刻体会后，从而满足设计理念中所要表达的最终视觉形象，并体现材料的自身价值，给人以强烈的触觉和视觉冲击力，达成建筑的审美需求。在各种类型的成功作品中均可感受到建筑师对材料元素的创造性运用，注重建筑与环境、建筑与人、建筑与人文文化的相互关系，通过对材料表现性最大限度的追求、对材料之美的深刻挖掘、不同材料的巧妙搭配可塑造优雅的视觉形象，关注细部的处理和人性化的设计，并通过材料自身，用抽象的语言反映出地方、民族、时代精神、个性特征等人文意义。

改革开放以来，随着经济与社会的高速发展，我国城市面貌正发生着巨变。进入 21 世纪，城市发展已进入快速增长时期，我国城市化水平节节攀升，2005年底达到 35%，2008 年底则为 41%，到 2010 年我国城市化水平已经突破 50%。然而随着城市化进程的加快，人们对建筑的精神需求也随之大大提高，建筑室内外的视觉效果都是人们追求的目标之一，而形成室内外效果的主要手段是材料的选择和运用，而材料的运用手法离不开科技的发展与技术的更新。室内和室外的材料无论是规格还是质地或强度等方面都存在很大的差别，材料的光学感应在室内外不同的视觉环境中也不同。各类设计在审美原则的基础下互相借鉴，以及美学思想的变化也使室内外材料的运用发生了很大的改变。但在处理手段、视觉效果等方面，又有着异曲同工之处。为了更好地处理它们之间的关系，就要掌握它们之间在审美上的异同。

建筑材料出现在建筑的室内和室外，但由于建筑室内外的种种联系和区别，在建筑室内外材料观感上会表现出不同的视觉效果。这种效果无论是材料的体量，还是材料的功能作用，都需要分别对待，不能混为一谈。另外，无论是室内材料还是室外材料，它们的使用目的又都是一致的，即增强视觉的美学效果，同时解决功能上的使用问题。

建筑室外饰面材料的运用主要是建筑外观形象的表达。由于建筑自身的体量感，所用室外材料的体块必然和室内材料有很大的区别，即在材料的规格上面有着明显的区别。而在耐用性上面也有着很大的差异，室外材料要经受风吹、日晒、雨淋等自然条件的损害，室内材料不必经受那么多方面的考验，仅在某些时候需要防水、防潮等。室外材料是城市空间中的观感展现，是大范围的。室内材料是小空间范围内的，或是更个性、更私人空间内的一种观感展现。并且室内材料跟人居感受密切相关，要求其触感要更亲近于人，更能渲染氛围。

现阶段虽然对于材料在室内外运用上都能注意到其差别，但没能够从其美学特性上给予相对完善的剖析。室内外材料的审美的取向决定其适用的范围与效果，它们之间对于美的要求有一致性，但是由于环境的差异也有自身范围内的审美特性。

当前阶段，无论是国内还是国外都在追求建筑饰面材料在室内和室外的合理运用、有机结合、相辅相成的手法，让建筑无论形式观感还是材料表现观感都能够达到理想的审美和文化要求。建筑材料设计表现是指利用建筑材料本身的特性与材料之间的构成效果来表达建筑的情感，其内容包括对材料自身特性的表现，以及材料构成的技术表现。通过这些基本内容的表达，对所形成的建筑空间环境形式产生作用。这些作用具体表现在建筑表面的质地和质感、构造与结构特点以及建筑的场所意义等方面。

材料的运用体现出了设计者的设计理念、风格，是设计者才华的展示。现代建筑室内装饰与设计多采用高端材料、高端技术，体现出装饰设计的现代化、科技感，不仅注重材料功能的运用，还强调其美学特征的体现。木质材料属于一种纯天然的装饰材料，有着天然的纹理、色彩分明、易加工，将其同现代化工业材料相结合，共同运用于现代建筑室内设计中，既带来一种天然美感，又体现出生态化设计理念。总之，木质材料在现代建筑室内装饰设计中的应用是美学与技术的有效结合，推动着现代建筑装饰的进步。

第二节　建筑装饰材料的发展历史

　　材料的发展可以说是随着人类的发展而兴起的，从石器时代开始人们就学会了手工制造陶器，到工业革命时期钢铁被广泛应用，再到如今运用高科技手段创造的各种节能、环保的复合材料。很早以前人们就利用大自然赋予的各种自然材料进行生产和生活，并且通过掌握材料的特性，改变人类的生产方式和生存环境。

　　木、石是最早被人们所利用的材料，并且延续至今。原始居民通过对天然木、石进行简单的打磨，作为日常生活及防御敌害的工具。陶器的出现使材料有了一个质的变化，陶器不仅加工方式更加多样，而且造型更加丰富美观，具有审美价值和实用功能。铜是人们最早使用的金属材料，被称为"青铜时代"的商代和西周时期，人们利用青铜便于铸造的特性，为我们留下了无数造型精致、制作精细的青铜艺术品，创造了人类历史上光辉的"青铜文化"。由于铁质地坚硬，韧度高，大量的生产工具及兵器均由铁铸造而成，表现出了一种复杂而精美的工艺技术，在材料的发展上具有重要意义。

　　近代，受到工业革命的影响，材料工业由依赖手工业生产转变为以机器为生产工具的大批量生产模式。工艺美术运动的先驱威廉·莫里斯提出了"用材料的性能和肌理来表现自然的美及美的细节"，这就赋予了装饰艺术存在的理由。20世纪40年代，塑料、橡胶等新材料应运而生，许多设计师开始将现代技术与传统的手工艺相结合并融入自己的设计当中。密斯·凡·德·罗被认为是第一个能够将现代技术熟练运用到自己设计作品中的人。在他为女医生范斯沃斯设计的别墅中，运用通透的玻璃幕墙将室外自然空间与室内的封闭空间完美融合，实现了室内外的交流与对话，达到了建筑与自然的和谐统一。20世纪50年代，塑料工业进入了人们的生活，这种材料因其独特的造型表现力以及丰富的装饰效果受到了人们的欢迎，尤其在家居产品设计中应用广泛。无论是原始的自然材料还是通过现代科技产生的工业材料，都成为设计中不可或缺的要素。21世纪是智能建筑的时代，室内设计中自动化设备的运用对材料提出了更高的要求，装饰材料不仅受到强度、硬度、环保美观等要素的影响，还要受到声、光、电等更多技术要求的考验，我们要熟练掌握材料的发展及特性，以期为我们的设计工作更好地服务。

一、中国建筑设计中材料的发展历史

　　中国建筑都是以木结构为典型特征的，形成了世界建筑史上独特的形态。中

国古代建筑技术的成就既表现在施工技术上，又表现在细部装饰上。木结构建筑的整体结构以定型的、近乎装配化和规范化的体系，以符合力学原理的结构，成为世界上最完美的建筑结构系统。中国古代建筑艺术的成就一方面表现在它精心构思的平面布局上，另一方面表现在由精彩的平面布局所传达出的深刻理念中。中国古代建筑以木材料的应用最为广泛，其基本形态如亭、台、楼、阁都是从结构形态上做文章，并不追求绝对高度。榫卯结构可以说是中国古代建筑最为重要的贡献，并广泛运用在建筑上。汉代已普遍运用斗拱，隋唐时期木建筑走向成熟，到了宋代木建筑发展达到鼎盛，《营造法式》成为历代木架建筑构造的准则。

建筑材料设计表现不仅是建筑空间和形式的物质基础，还通过强化和削弱材料的自身性质，从而更好地加深人们对建筑场所的理解和感受。诺伯格·舒尔兹认为，场所不仅意味着抽象的地点，而且它是由具有材质、形状、质感和色彩的具体事物组成的一个整体。人们可以通过场所的形态、质感，甚至是气味来感知它的存在。具有场所感的材料表现对建筑的空间和形式表达是必不可少的。它不仅能够加强建筑空间和结构的表现力，还能体现出设计者的审美倾向。因此，在现代建筑设计中，对建筑材料设计表现的研究是非常重要的。

现阶段针对建筑材料的运用手法，提出了越来越高的精神层面的要求。因此，在建筑材料的运用和使用的创新和研究的阶段需要大胆地尝试和创造，使建筑材料的发展处于良性循环。人类物质文明和精神文明相结合的产物就是建筑，换言之，建筑可以体现出一个国家和地区的经济和文化。我国城市化进程的推进也使得建筑行业得到了快速发展，越来越多的商业建筑和住宅区的兴建也标志着人们对建筑的要求越来越高。同时，各种不同的材料也得到了广泛运用，如智能材料、节能材料等，都对建筑装饰设计产生了历史性的影响。

材料发展实际上就是一种文化的发展，并随着人类文明的变化而变化。从上古时期人们手工制造建筑物，到现阶段智能化建筑的出现，装饰材料经历了长期的发展。

（一）原始社会

原始社会的建筑装饰材料以木构件为主，建筑方法为木骨泥墙。中国现已发现的最早的人工建筑在浙江余姚河姆渡，距今已有六七千年。木构件遗物有柱、梁、板等，许多构件上都有榫卯，推测是干阑式建筑的遗存。陕西西安半坡村遗址是已发掘出的一个原始村落遗址，此时建筑已从半穴居发展到地面建筑，并已有了分割成几个房间的房屋，建筑方法为木骨泥墙。由穴居发展到半地下式的木骨泥墙建筑和榫卯结构的干阑式建筑，是人之所以为人的又一证明。

（二）奴隶社会

商朝时期的建筑材料主要是夯土，这时的技术已非常成熟，兴建了许多宫殿、宗庙和陵墓。它们都是建在高约 80 厘米的夯土台上，夯土台上有八开间的殿堂一座，周围回廊环绕，展现出了廊院式建筑的效果。

西周时期建筑材料出现了瓦，框架材料为木材，它是中国古代建筑的一个重要进步。至西周中期已出现了全部为瓦屋顶的大型木框架房屋，四周的夯土墙只起着保持稳定和围墙的作用。此时，中国古代建筑的主要特点即使用木构架、采取封闭式有中轴线的院落布局已初步形成。因中国的建筑以木头作为主要材料，辅以泥土，所以梁、柱、栋、楹都从木，而墙、垣、壁、堂都从土，它们极其形象地向人们展示了中国古代建筑的早期形态。

（三）封建社会

公元前 5 世纪末，中国进入了战国时代，确立了封建制社会。战国时代的城市规模比过去扩大了，高台建筑更为发达，开始建造多层的木构架建筑，装饰材料出现了砖和彩画。

到了汉朝，建筑有很大发展，大量使用成组的斗拱，木构楼阁也逐渐代替了高台建筑，同时砖石建筑发展起来，出现了砖券结构，目前发现的各种瓦、下水管以及墓葬中使用的大块空心砖都充分证明了当时制陶业的水平较高。中国建筑作为一个独特的体系，到汉朝已基本形成了。

唐朝时期的建筑具有高度的艺术和技术水平，雕塑和壁画尤为精美，唐代建筑是中国封建社会建筑的最高峰，也是最成熟的阶段。

北宋以来，建筑出现了大跨度的木构拱桥，工人采用筏形基础有效地解决了潮水冲刷的问题。这一时期的建筑风格更加柔和绚丽，装修、彩画和家具经过改进已基本定型，有了一些室内布置形式。木、砖、石结构有新的发展。宋朝是中国封建社会建筑发生较大转变的时期。

明清的建筑装饰材料仍以木石材料为主，建筑材料出现了黄瓦、汉白玉石等材料，是中国封建社会建筑的最后一个高潮。明朝在 1403 年将都城改称北京，永乐十五年，开始兴建皇宫——故宫。故宫以三大殿（太和殿、中和殿、保和殿）为中心，上檐用十一层的木制斗拱，下檐用九层木制斗拱。站在广场上望去：红墙、黄瓦、白栏杆在灰色的广场映衬下形成了崇高、庄严、神圣的气氛。祈年殿坐落在一个 4 米多高的长方形垣院里，加上 3 层汉白玉台基，使祈年殿殿基高于垣院外地平面 10 米以上，垣院之外是一片苍翠茂密的参天古柏。祈年殿顶由三重檐尖顶圆形大殿构成，配以青色琉璃瓦，一颗金色的馏金宝顶镶嵌在顶上。

我国的古代建筑都有一个明显的特征，就是通过建筑表现内涵和人文精神，营造一种特殊的寓意。例如，汉代的斗拱等就是建筑的一种标志性风格。而纵观我国的著名建筑，无论是故宫这种富丽堂皇的皇家宫殿，还是石南边陲的竹楼，都是不同的文化体现。

一位西方建筑学家在对中国建筑进行了详细考察后发现，用木结构组成的框架即使在四周墙壁倒塌后，屋架照样不倒。中国建筑长时间采用木框架与砖的混合结构，主要原因是它是一种最为经济合理的构造方式。木结构建筑节约材料、劳动力和施工时间，中国建筑是世界上最节省的建筑。木料和石料相比，木料易加工，质量轻，易搬运。

随着中国古代建筑的发展，建筑装饰材料也逐渐发展起来。首先是木材，由于中国建筑的木框架结构，木材被广泛地应用；其次是砖，中国建筑多是木框架与砖的混合结构，砖包括花纹砖和大块的空心砖、青砖、青瓦、贴面砖、琉璃瓦、琉璃砖、琉璃等。木建筑结构在我国历史悠久，而现阶段随着人们生活质量的提升也对木结构建筑有了更高的要求。当然，我国也有以石材作为材料的建筑，但是这种方法没有得到广泛运用的原因在于材料花费大，且需要耗费大量的人力。而随着技术水平的发展，现阶段对于石材的处理方式已经有了很大的改进，节省了人力和财力，也体现出了一种全新的技术模式。

二、西方建筑设计中材料的发展历史

西方建筑设计以欧洲建筑设计为中心，而它的源头是古埃及和西亚建筑，金字塔、方尖碑、神庙建筑和神庙中的柱式结构都在以后的建筑中保留和继承下来。西方建筑中，多采用石材来作为装饰材料，这也使得很多西方建筑比较高，显得非常庄重。教堂、城堡、修道院等都具有非常自由的外形，通过华美的装饰和色彩体现出西方的文化。

（一）古埃及

古埃及的建筑材料主要是巨石。巨大的金字塔和狮身人面像是由230万块、重2.5吨的巨石砌成的，它屹立在尼罗河畔，静静地看着人类历史的发展。八十多座屹立在尼罗河畔的金字塔向我们展示了一个灿烂辉煌的古代文明（见下图）。

公元前4世纪时，埃及人就已用光滑的大块大理石板铺地面。首先，采石工艺要先进，磨光大理石也是了不起的工艺。在金字塔内没有经过风化的石块与石块之间砌筑得严丝合缝，连刀片都插不进去。其次，巨大石块的切割、搬运都是非常困难的事。因为在那时古埃及人还没有制造出铁器，也没有发明车子。在中王国时期，青铜工具也不多，却用整块石材制作了几十米高的方尖碑，细长比约为1：10，时至今日这样巨大的石块的加工、制作、搬运和竖立都是难以想象的事。

（二）西亚

苏美尔—阿卡德文化与古埃及文化一样古老，生活在美索不达米亚—巴比伦尼亚的人创造了世界上最早的文明。

古代两河流域的人们崇拜天体和山岳，他们曾经建造了规模巨大的山岳台和天体台，它们是一种用土坯砌筑或夯土而成的多层高台。由于美索不达米亚人用的建筑材料为土坯和砖，因此，保存下来实属不易。但是正是由于这种自然材料的使用，使他们发明了琉璃，以防止土坯建筑遭暴雨冲刷和侵蚀。琉璃作为一种建筑材料在公元前三千年由两河流域的人在生产砖的过程中最早发明，这是两河流域的人们在建筑上最突出的贡献。公元前6世纪前半叶建起来的新巴比伦城中重要的建筑物已大量使用琉璃砖贴面，如保存至今的新巴比伦城的伊什达城门是用蓝绿色的琉璃砖与白色或金色的浮雕作装饰，精美异常。

波斯帝国时期的帕赛玻里斯宫殿建于公元前600—公元前450年，其中有一座百柱厅，大厅内有100根11.3米高的石柱，另一座大厅有36根高18.6米的石柱。其柱径与高度比为 1 ∶ 12，这比埃及神殿，甚至埃及方尖碑都要细长。其梁柱都是木质的，使建造大殿时的工程量小，而且更省力。这两座大殿的结构之轻、空间之宽敞，在古代世界建筑中首屈一指。

（三）希腊

欧洲是以希腊神话中腓尼基公主欧罗巴而命名的。古城迈锡尼的遗址位于伯罗奔尼撒东北角。迈锡尼的建筑粗犷雄伟，有极强的防御性，像堡垒一样。而米诺斯的建筑侧重华丽，包括壁画、浮雕和雕塑，是一种"女性化"的艺术作品。进入了荷马时代后，希腊出现了许多城邦制的小国，雅典便是其中的代表之一。雅典卫城渗透着艺术的光辉，是人类理想中的纪念性圣殿。

帕提侬神庙是古希腊时期最伟大的建筑，立在高高的台基上。它也是雅典卫城中最豪华的建筑，全部用白色大理石砌成。当年的帕提侬神庙为铜镀金门，山墙顶上的装饰是用金子做成的，陇板间、山花和圣堂墙垣的外檐壁上布满了菲迪亚斯主持制作的雕刻。另外，建筑被涂上了漂亮的色彩，以红色和蓝色为主，兼以金箔点缀。为了修建这一神庙，雅典城的人民进行了长期的备料活动，仅在山中开采神庙用的大理石就花了二十年的时间。帕提侬神庙代表了古希腊多立克柱式建筑的最高成就，比例匀称，风格刚劲，庄严和谐（如下图所示）。

古代希腊时期，石制的梁柱作为基本构件成为当时建筑最具代表性的特征，也影响了建筑的发展。从古希腊的多立克柱式、爱奥尼亚柱式到后来通过爱奥尼亚柱式衍变而成的体型更加纤细修长、柱头更加轻巧华丽的科林斯柱式，不仅通过大理石和石灰石材料进行造型表达比例、尺度、节奏和韵律之美，还追求数字化的准确性。

（四）罗马

罗马帝国是横跨欧、亚、非的帝国中名气最大的。对于建筑来说，拱券和混凝土技术是罗马建筑的最大特色，也是其最大成就。出色的拱券结构技术使罗马无比宏伟壮丽的建筑有了实现的可能。

拱券结构的发展是因为罗马人大量应用了天然混凝土。罗马人用活性火山灰加上石灰和其他骨料，制成"土敏土"。它黏结力强，坚固，不透水，起初只是用来填充石砌的基础、台基和墙垣砌体里的空隙，后来成为独立的建筑材料。到公元1世纪中叶，天然混凝土在拱券结构中几乎完全代替了石块，从墙角到拱顶全用混凝土。罗马人在建造过程中进行现场浇注，喜欢用可拆卸的模板，其施工工艺几乎与现代施工工艺一样。混凝土的原料开采和运输比石材廉价、方便，而用碎石作骨料可减轻结构的质量，这在建筑史上具有划时代的意义，它的巨大影响是无法估量的。

由于拱券与混凝土的结合取代了柱子从而为空间设计展开了一个新的世界。在公元2—3世纪，混凝土的拱券和弯顶的跨度就很可观了，最突出的代表便是罗马万神庙。罗马时期，混凝土的发明成为装饰材料发展的重要标志，并且拱券结构也成为当时建筑构造上的创新。罗马万神庙拱顶的直径达43米，卡瑞卡拉大浴室的厅堂鱼贯，都充分显示了罗马工匠发券和筑拱的材料技术运用水平。

三、现代装饰材料的发展与应用

19世纪末20世纪初，随着科技的进步和人们生活品质的不断提高，新的建筑形式和新材料也在不断地发展和创新。随着全球一体化的推动，各个国家的交流与互动更加频繁，各种新的装饰材料在世界各地被应用与推广，新的建筑形式以及与之相适应的建筑材料进入了世界各地人民的生活中，这也造成了材料在使用方面的同一性，主要体现在以下几个方面：

①顶面材料。由于现代建筑不断地往高处发展，由于楼层的原因，各种管道、线路多埋藏于吊顶之内，加上灯具、消防等设备，装修时一般要考虑到这些设施，并在满足功能需要的前提下考虑其造型的美观，以此来选择合适的材料。

在选材方面，顶面材料常用的有：乳胶漆、石膏等喷抹涂料；墙纸、纺织物等裱糊涂料以及固定在顶面龙骨或天花板顶面的石膏板、胶合板、金属板、玻璃等板材。

②墙面材料。墙面装饰材料种类较多，可根据不同的空间风格选择不同的墙面材料。现如今，乳胶漆、石膏板、壁纸是室内应用较为广泛的墙面材料。

③地面材料。地面材料主要包括木地板、陶瓷地砖、大理石、水泥等。地面在室内外设计中所占的面积较大，因而它的质地、色彩、装修工艺等对整个装饰环境会产生很大影响。同时，地面还要满足最基本的使用要求，即坚固耐久、防水防滑等。因此，设计师必须熟练掌握各种地面材料的特性，并能够结合具体的装饰空间选择最为适合的地面材料。

材料不仅向着多功能方向发展，采用高新型技术进行深加工，而且转向环保绿色型方向发展；不仅实用耐久，而且要美观。21世纪是智能建筑的时代，室内环境设计自动化设备的运作，对材料的表现提出了更新、更高和更强的要求。玻璃幕墙、点式玻璃、窗石的新材料及新的构造技术相继出现。继信息时代、基因工程之后，纳米技术又成为一颗新的科技之星，纳米技术将对材料科学产生深远的影响。另外，最近几年还有光电板系统太阳能设计、天然采光导光管设计、导光棱镜窗设计的应用，既节约能源，又无环境污染问题，一劳永逸，真正实现了零能源消耗的绿色装修。正是这些新技术、新材料的运用，为我们未来的室内环境装修设计增添新的光彩。

第三节　建筑装饰材料的功能

一、装饰作用

建筑外墙面一般用花岗岩、玻璃幕墙、涂料等材料进行饰面装饰，这就对主体结构形成了一个包装，材料的包装会体现不同风格的装饰效果。例如，花岗岩饰面体现一种庄重、沉稳、高雅的感觉，玻璃幕墙饰面给人一种现代、时尚、华丽的感觉，涂料饰面比较普遍，也比较经济，色彩变化丰富，体现一种朴实的感觉。

二、防护作用

建筑所处的外部环境都是比较复杂的，有一年四季的更替所产生的冷热变化，有雨水、风沙的侵蚀等，建筑材料对于建筑能够起到一定的防护作用。

①防水。建筑的通风功能也常具有行之有效的保护功能，使建筑防风挡雨。包装过的外墙和透气性的缝隙能抵消雨水的喷洒和撞击，以及因雨水的冲刷在立面表皮形成的水流，保证了隔热体的干爽，也保证了内墙面免于雨水的渗透。

②热能效应。使用反射率高的立面材料，可以减少建筑的热量负担，反射效

果可以达到最大化。

③隔声。运用材料进行外墙面包装有利于反射外部噪声，构件之间的连接、缝隙以及绝缘结构都是降低噪声的重要因素。

三、审美需要

在现代物质条件的驱动下，构成人为空间的技术手段和人们对内外空间的心理要求，以及室内外空间的构成越来越丰富多彩，已创造出许多难以分辨的中间形态(模糊空间形态)。因此，在某种意义上说，室内外空间几乎是没有界限的。这种微妙的关系很像"莫比乌斯图形"，室内外空间关系相同，没有绝对，彼此相对；相辅相成，彼此牵制。以居住建筑为例，人们不仅追求一个大面积的居住条件，还要看建筑本身的外观风格是否符合他的喜好。而除了基本的建筑造型以外，其他更多的外观感受都直接和材料相关，也就是说要满足人们对建筑外观的精神层面的需求，就一定要选择适合建筑外观的材料。当建筑建成后，建筑的室内使用空间由建筑的形式决定，那么在已有的建筑室内空间当中，会有很多相似或雷同的室内空间，建筑物内部已存在可改动与不可改动两种环境布置与安排。建筑自身的构成要素是不能任意移动的东西，是相对稳定的，属于不可改动或固定形态要素，如天棚、地面、梁、柱、墙等。而像室内采光、照明、通风和促进室内视觉美感等都属于与室内环境气氛有关的要素，是可变动的，如墙面、天棚、地板的饰面处理，以及室内色彩和图案装饰等。那么在室内外是如何营造不同的风格和气氛的呢？建筑的室内外饰面材料的正确运用就是解决这一问题的关键。因此，了解其审美的异同，才能更好地运用材料。

(一) 精神需要

随着社会、科技的高速发展，人们的物质基础正在迅速而稳步地提升，伴随着物质基础的逐步提高，人们对精神层面的需求也会逐步提升。建筑材料是建筑室内外观感的重要表达手段，通过材料的色彩、质感、肌理等表达着建筑的性格，同时烘托着建筑室内外所塑造空间的环境特征，使得人们在精神上对特定的建筑场所有相应的心理感受，如是公众的或私密的，是热烈的或沉寂的，是厚重的或轻盈的等。而这些感受的产生不仅与建筑的体量、空间大小和形态有关，还要借助材料本身的美学特性促生或强化这种心理感受。因此，通过审美方式的具体分析，如观赏的角度和视点不同、材料所处的空间尺度不同、材料观赏的距离不同，以及材料的物理环境差异等方面，更准确地界定室内外材料在审美方面的异同，以便更清楚地了解其特性和共性，这在室内外材料的运用上显得十分重要。

（二）物质需求

建筑本身也是一个物质产物。一个建筑物最终能够提供相应的功能服务，同时也需要通过相应的物质手段将其功能和环境满足设计的最高要求，即要有相应的经济投入才能够获得。不同材料的使用会使经济投入产生很大差异，不同材料的价值也不尽相同，同样功能效果的材料也有着不同的工艺和价格。只有准确地了解建筑室内外环境功能的需要，用经济适用的原则给予适当的定位，才能使所获得的物质环境空间体现其预期的效果。为了达到这样的目的，我们不能仅仅考虑功能和经济，还要运用材料美学方面的知识，结合材料的功能和价值共同获得其实际使用的效果。即以相应低廉的价格获得功能和环境效果均佳的择优方案。

从以上两个方面来看，建筑室内外材料的合理运用能够更好地满足当前人们对建筑精神层面的需求。建筑作为保障人们日常生产、生活的基础条件，在物质层面上与人们也有着密不可分的关系。如上所述，为满足人们的精神层面的需求，要进一步加强建筑室内外视觉美学上的效果。而这种视觉效果不单指建筑的形象，在形象效果相近的条件下，色彩以及材料的各种属性的变化更加能给人直观的视觉感受差异。同样的室内空间由于不同的空间再塑造，会获得不同的心理感受。因此，在物质和精神两方面，都离不开材料的审美。剖析内外材料审美作为材料使用上的指引，无论从精神层面还是物质层面都具有相应的社会意义。

第四节　建筑装饰材料的分类

建筑材料是有其发展历史的，从古代建筑材料到近代建筑材料再到现代新型建筑材料，材料的种类从单一到多元，从天然材料到人工复合材料，种类繁多。将材料进行分类，可以更加合理、高效地应用到设计中。

一、按化学成分不同分类

按化学成分的不同，建筑装饰材料可分为有机高分子装饰材料、无机非金属装饰材料、金属装饰材料和复合装饰材料四大类。

有机高分子装饰材料包括以树脂为基料的涂料、木材、竹材、塑料墙纸、塑料地板革、化纤地毯、各种胶黏剂、塑料管材及塑料装饰配件等。无机非金属装饰材料包括各种玻璃、天然饰面饰材、石膏装饰制品、陶瓷制品、彩色水泥、装饰混凝土、矿棉及珍珠岩装饰制品等。金属装饰材料分为黑色金属装饰材料和有色金属装饰材料，黑色金属材料主要有不锈钢、彩色不锈钢等，有色金属装饰材料主要有铝、铝合金、铜、铜合金、金、银、彩色镀锌钢板制品等。复合装饰材料可以是有机材料与无机材料的复合，也可以是金属材料与非金属材料的复合，还可以是同类材料中不同材料的复合。如人造大理石是树脂有机高分子材料与石屑（无机非金属材料）的复合，搪瓷铸铁是钢板（金属材料）与瓷釉（无机非金属材料）的复合，复合木地板是树脂（人造有机高分子材料）与木屑（天然有机高分子材料）的复合。

二、按装饰部位不同分类

根据装饰部位的不同，建筑装饰材料可分为外墙装饰材料、内墙装饰材料、地面装饰材料和顶棚装饰材料四大类。外墙装饰材料包括外墙涂料、釉面砖、锦砖、天然石材、装饰抹灰、装饰混凝土、玻璃幕墙等；内墙装饰材料包括墙纸、内墙涂料、釉面砖、天然石材、饰面板、织物等；地面装饰材料包括木地板、复合木地板、地毯、地砖、天然石材、塑料地板、水磨石等；顶棚装饰材料包括轻钢龙骨、铝合金吊顶材、纸面石膏板、矿棉吸声板、超细玻璃棉板、顶棚涂料等。

三、按材料主要作用不同分类

随着我国城市建设的发展和人民群众居室环境的不断改善，建筑装饰材料得到了广泛应用。目前建筑装饰材料品种繁多，大致可分为不燃材料、阻燃材料和易燃材料。

（一）不燃材料

该材料是应用较为广泛的一种防火装修材料，它具有普通建筑装修材料的物理性能和力学性能，还具有显著的防火性能，燃烧性能级别为 A 级。它大多以无机材料为基材制作而成，而无机材料本身是一种不燃性材料。如菱镁胶合板就是以菱镁水泥为基料，掺以有机黏结剂和丝网等辅料加工而成的。大多数不燃性建筑装饰材料还具有良好的绝热、吸声等性能，在室内装修中可起到隔热、保温和吸声作用。常用的不燃性材料有岩棉板、矿渣棉板、玻璃棉板、菱镁复合板、装饰石膏板、硅酸钙板和不燃埃特墙板等。

（二）阻燃材料

难燃材料和可燃材料均属于阻燃材料，难燃材料一般由不燃材料和可燃材料掺和形成，或者在不燃材料中掺入纤维和添加剂构成，还可以在不燃材料表面用可燃材料装饰形成，其燃烧性能级别为 B1 级。随着高性能阻燃剂的出现，部分可燃材料（如木材）通过物理化学方法进行处理也可变成难燃材料。这里的可燃材料是指易燃材料通过物理和化学方法处理后具有阻燃效果的材料。一般其氧指数在25以上，燃烧性能级别为 B2 级。

（三）易燃材料

此类材料是指氧指数低于 21 的材料，一般在空气中极易燃烧，燃烧性能级别为 B3 级，如纸张、布匹等。

另外，随着新技术、新科技在生产中的应用，新型防火材料不断出现，主要分为以下几大类：

①防火装饰板材。它主要有不燃性板材类，如无机菱镁板、石膏板、硅酸钙板及不燃埃特平板等；难燃板材如贴面石膏板、贴面菱镁板和难燃刨花板等；复合防火玻璃和夹丝玻璃。目前装饰行业应用此类板材最为广泛。

②防火隔热保温材料。它主要有粒状材料、无机纤维材料、块状不燃材料以及发泡类塑料等。该类材料主要应用于隔墙以及充当填料之用，也用作管道保温材料。

③防火涂料。这类材料在我国起步较晚，目前主要有饰面型防火涂料、钢结构防火涂料以及多用于电厂的防火涂料。目前防火油漆也已开发成功，防火涂料主要是提高相关材料的耐火等级，增强其耐燃烧性能。

④阻燃类材料。该类材料是一种发展迅猛、前景相当广阔的新型材料。目前我国主要有阻燃木材以及以木材为基质的制品，阻燃纤维和织物，阻燃塑料和橡胶及塑料壁纸、纸张，阻燃玻璃钢制品等。阻燃材料的出现一方面弥补了不燃材料不能替代的应用领域，另一方面也扩大了装饰材料的品种范围。

四、按装饰作用不同分类

根据装饰作用的不同，建筑装饰材料可分为如下两类：

（一）装饰材料

装修装饰材料虽然有一定的使用功能，但是它们的主要作用是对建筑物进行装修和装饰，如地毯、涂料、墙纸等材料。

（二）功能性材料

在建筑装饰工程中使用这类材料的主要目的是利用它们的某些突出的性能，达到某种设计功能，如各种防水材料、隔热和保温材料、建筑光学材料、吸声和隔声材料等。

第三章 建筑装饰材料的艺术表现

第一节 建筑装饰材料的艺术表现概述

一、材料的形、色、质

每一种材料都有形状、质感、色彩三大外形特征，材料的不同特征都会给人以不同的视觉和触觉感受，运用在建筑外表皮中的材料由于不同的特性，使建筑表现出不同的艺术形象。在分析建筑材料的艺术表现中，为了了解每种材料的特性和表现方法，下面对每一种材料进行分析。

（一）石材的形、色、质

1. 石材的形状

在建筑的建造中，石材所表现出的形状是板材及块材。块材一般用于砌筑，板材用于面层装饰。无论是块材还是板材大多是规则的矩形，如切割整齐的大理石、花岗岩、方解石等；也可以是不规则形状，如卵石、毛石、文化石等。

2. 石材的色彩

石材的色彩因为品种的差异而呈现多种颜色，有黑（金）色、红色、绿色、白色、灰色、黄灰色等，几乎囊括了所有的色系，总体来说，石材的颜色一般纯度较低，多表现出灰色的特质。

3.石材的质感

材料的质感非常丰富,各种表面加工效果与石材本身的纹理结合形成了总体的视觉质感,如大理石表面光滑、细腻、纹理清晰且色彩较明快;花岗岩表面纹理不够清晰,纹理较大理石粗糙,色彩纯度较低。在特殊部位使用经烧毛、剁斧等方式处理后的石材才会形成丰富的肌理表面。

(二)木材的形、色、质

1.木材的形状

木材在建筑的外部装饰中所表现出的形状是板材和圆木材(包括整个圆木或者圆木切半的形状)。古代,在东方木构建筑盛行的地区,木材常常用圆木或木杆件做骨架支撑结构,用板材做围护结构。而在西方的早期建筑中我们还可以看到用圆木堆砌作为承重和围护墙体的原型。现代建筑由于木材资源缺乏和生态问题,已经很少运用整根的木材来做建筑的结构或外墙,更多的形式是以木板材作为建筑外表皮的装饰。另外,由于自然森林资源的有限性,现在完全使用实木板材也是不经济和不现实的。因此,各种人造合成板材如胶合板、纤维板、细木工板、薄木皮饰面板等纷纷出现,代替了原木板,节约了自然资源。这些人造板材在工厂制造时多采用一些常用规格尺寸,实际设计施工时可以在此基础上进行拼接和切割。

2.木材的色彩

木材色彩的深与浅一般泛指发红(褐)或发白,如红松色白微黄,芯材黄而微红;黄花松边材淡黄,芯材黄色;白松色白;山木色白而香;柞木边材淡黄,芯材褐色;水曲柳淡黄色;枫木淡黄偏白;桦木白色带微黄等。

3.木材的质感

天然的、不同树种的木材不仅具有不同的色彩,还显示出不一样的质地和纹理。树种不同,其纹理的分布、走向、粗细等外观都有所不同。如柏木纹理直顺、细腻;水曲柳纹理美观,走向多呈曲线,而且还具有纹理造型,构成圆形、椭圆形及不规则的封闭曲线图等。通常木材的纹理走向与分布大致有直纹、斜纹、曲线、直曲交错等几种。如沙比利和花梨是交错纹理,而黑胡桃和樱桃木却都是直纹理,且质地细腻。

（三）砖与面砖的形、色、质

砖与面砖的形状是块状。黏土砖有青灰和暗红两种颜色，水泥砖、页岩砖、灰砂砖等为灰色，成品的砌筑砖常常由于配料、烧结时间和冷却环境的差异而呈现出一定的色差。面砖的颜色美观、多样，有陶土的自然色彩，如砖红色、粉色、香槟色；也有比较前卫的色彩，如珍珠灰、巧克力棕和乌木黑色。为了满足市场的需要，新的面砖色调产品日益增多，给建筑师提供了更多的选择。赖特认为，茶褐色或红棕色的砖墙是最好的。它们不是从草地上突然冒出来的，而是很清楚地意识到脚下的地面，并向地面平缓伸展出一个坚实的基础，使建设物更牢固地插入土地之中。清水砖墙的远观色彩呈现的是砖或面砖与砖缝砂浆色彩的混合作用，在实际工程设计中不一定都采用普通的灰色水泥砂浆，可以采用白水泥形成白色砖缝或者加入颜料形成彩色水泥砂浆灰缝，与砖的色彩相互配合，使建筑外表皮形成较为新颖的视觉效果。普通黏土砖由于来自大地，具有微妙的线条和颗粒等自然质感，通常表面粗糙，受光照后明暗转折层次丰富，高光微弱，因而具有质朴美。面砖因为加工工艺的不同可有抛光、平整、略粗糙、粗糙等不同质感效果。面砖的质感与现代技术产物如金属、玻璃的整齐平滑度完全不同，表现出更强的贴近自然的属性。建筑师在建筑外表皮上常常利用砖与面砖的这一特性，使建筑形象呈现出朴素和恬静的特征。另外，由于砖与面砖的表面没有明显的纹理，砌筑和贴面墙体灰缝的排列组合、色彩和凹凸，以及由面砖砌筑方式的变化所带来的光影变化，一起形成较强的砖墙肌理。因此，对于砖墙来说，其肌理的变化可以通过砌筑方式的变化来实现。

（四）混凝土的形、色、质

混凝土一般由水泥、沙子、石子等骨料和水构成，经过浇筑、养护、固化后形成坚硬的固体。它最初是以一种结构材料的形式出现的，经过现代建筑大师勒柯布西耶、路易斯康等的应用，混凝土逐渐从单纯的结构材料发展成为一种富有外在表现力的建筑材料。混凝土在建筑外表皮上应用时，其形状表现为整体性和可塑性，像岩石或雕塑一样的可以随建筑师自身的表达需要塑造形状。但在视觉平面效果来看，它具有平整、光滑的表面视觉特征。普通混凝土的颜色为灰色，通过在混凝土中加颜料添加剂，根据颜料色彩的不同而形成黄、绿、橙、紫等各色混凝土。混凝土组成材料（水泥和粗细骨料）的选择决定了混凝土的表面纹理。光滑的模板可使混凝土形成光滑的表面，粗糙的模板会使混凝土形成粗糙的表面，水的冲刷可使混凝土表面骨料外露，外力作用可使混凝土表面有凹凸感。

（五）金属的形、色、质

金属是由金属元素组成的物质，一般具有光泽、延展性、导电性、导热性等特征，金属（除了汞）在常温下都是固态。金属用于建筑外表皮时有两种形态，一种是作为表皮结构的金属杆件，杆件和杆件之间形成的金属节点体现了力的平衡，显示了建筑表皮结构的强度、刚度和稳定性；另一种是作饰面的金属板，形状大小可以根据需要在工厂预定，也可以直接选择成品，材质较薄，容易弯曲，因此对各种形状的幕墙表面适应性强。如弗兰克·盖里设计的西班牙毕尔巴鄂古根海姆博物馆，闪闪发光的锌金属板结合内部复杂的龙骨系统，包裹出了形状极不规则的建筑体量，形成了特殊质感的美丽外墙。金属一般分为黑色金属和有色金属两大类，黑色金属通常指以铁为基本元素的金属及其合金，及表现的颜色是黑色和类黑色的金属。有色金属通常指除了黑色金属以外的其他金属，如金、银、铜分别显示金色、白色和紫红色。为了使金属耐腐蚀，常常要在金属表面做防腐处理，同时也赋予了金属更多的颜色。如金属板材中不锈钢的涂层技术和铝板幕墙的氟碳烤漆技术可以制造所有的颜色，如红、橙、绿、蓝、靛、紫、黑、白、金黄、银粉。金属一般具有迷人的光泽，具有较强的反射效果，金属表面的反射形象变幻莫测，抽象且动感；金属光泽又给人以高贵、华丽之感。拉丝金属和亚光金属表面给人以柔和、神秘之感；锈红色的氧化金属面板给人以古朴、怀旧之感。例如，史蒂文·霍尔建筑师事务所设计的马库尔住宅中的会议厅就选用了锈红色的氧化金属面板，与巨大的混合体区别开来。

（六）玻璃的形、色、质

玻璃是无定型、非结晶体的均质同向性材料，因此，玻璃具有其他材料不可比拟的独特性能，为一种透明材料。玻璃常用的是块材、板材以及作为玻璃幕墙时的建筑装饰材料。玻璃砖是以块材的形式出现的，可以砌筑成墙体、隔断等。玻璃板材用作门窗部分，附着于外墙表面。而玻璃幕墙是用于建筑外表皮的装饰，形成较强烈的重复感和整体感。有色玻璃在建筑设计中应用广泛，有茶色、蓝色、灰色、绿等颜色。玻璃的金属感色彩有灰色、青铜色、茶色、金色、棕色、古铜色等，金属色玻璃虽然失去了透明性但呈现出了镜面反射的效果。玻璃本身是光滑而细腻的，致密的结构使得玻璃显得坚硬且冷漠，透明的特质又显示着清澈、明快，富有现代性的一面。在普通平板透明玻璃的基础上发展了很多玻璃艺术加工技术，如背涂颜色、窑烧、蚀刻、熔铸、金叶等技术。切刮、抛光、弯曲或涂漆等可以使玻璃闪闪发光；喷砂可以对光线起遮挡的作用，把那原来清亮的特性变成了柔情似水；

窑烧则增加了表面的纹理和立体感，改变了让光线透过的特性，加工后的玻璃能够把光线及颜色保留下来，令本来透明无色的平面显示出千变万化的颜色和肌理。用作建筑外表皮上的玻璃常常表现为透明、半透明、镜面反射三种质感。透明玻璃毫不掩饰建筑的结构和构造，而且使得室内外相互融合，建筑可以向外部展示其内部空间，人们也可以从内部空间看到外部的环境，解除了建筑物界面的封闭感，以透明玻璃为建筑的外界面让建筑本身变得非常有趣且富有视觉魅力。如杭州西湖景区内的一家餐厅周围是茂密的树林和幽静的林间小道，透明的玻璃不仅有利于观景，而且在外部观看时使建筑呈现出丰富的空间层次，引人入胜。

半透明的玻璃可以是有色玻璃、玻璃砖、磨砂玻璃、花纹玻璃等。它作为一种半透明材料，其明度介于实墙和透明玻璃之间，它的半透明性为空间提供充足、柔和的光线，也让室内空间显得明朗而不闭塞，更重要的是它能与周围环境相互交融。明亮而温暖的阳光照射在如薄纱般的玻璃表面，散射开来，给整个建筑罩上一层朦胧的光晕，室内的空间、家具陈设若隐若现，透射出神秘的色彩。磨砂玻璃和花纹玻璃的凸凹也使建筑在立面上有了细微而丰富的细节，这些可视的小细节不仅让光线以弥散的方式赋予建筑表皮以柔和、明亮的质感，也给人以心理上细致优美的感受。镜面反射玻璃表面可以映射周围的景致，扩大建筑之间的空间。反射玻璃围裹整幢建筑物，使其成为一座独立的带有光滑质感的雕塑品。反射玻璃常常反射周围景物的颜色，使表面光感十分丰富。如香港的中银大厦被如镜的光滑幕墙包裹，建筑本身似乎不存在，而成为周围景观的反映。但反射玻璃降低了建筑物从室外观看的通透性，如我们只能从玻璃上看到环境的投影，对室内却一无所知。

二、材料的感觉

彼得·卒姆托曾说："轻盈如薄膜的木地板，厚重的石块，柔软的织物，抛光的花岗岩，柔韧的皮革，生硬的钢铁，光滑的桃花心木，水晶般的玻璃，被阳光烤得暖暖的沥青……所有这些都是建筑师的材料，是我们的材料。"这些生动的描述就是人对材料的视觉感受。材料的表现是非常直观的，无论是室外还是室内，选择不同的材料会使人产生不同的感觉，各种各样的感觉要与材料所处的环境气氛相适应，以满足不同建筑功能的需要。

（一）人对材料的物理感觉

人对材料的物理感觉是指人对于外界的冷热、轻重、大小的感觉。建筑的外檐和内部装饰都是运用许多材料附着于表面的，而各种各样的材料能够给人以不同的感觉。这些不同的物理感觉在建筑设计中可以充分表现建筑的设计风格，与设计风格相统一。

1. 温度感

我们在生活中大部分时间是在感受室外或室内的环境，材料的温度感可以通过视觉和触觉感受得到。在室外，采用传统的黏土砖作为外檐装饰，经过烧结的砖红色黏土砖使人感觉到温暖舒适、自然纯朴；现在选用比较多的为花岗岩石材，由于花岗岩的颜色纯度较低，给人以冰冷感。因此在纪念碑的设计中，用灰色花岗岩进行贴面，能够衬托出纪念碑的冷峻、崇高、庄重、肃穆的感觉。在室内，特别是在住宅的设计中，会使用较多的纤维织物进行装饰，如地毯、窗帘、挂毯等软装饰，会使我们感到温暖；如果选用过多的金属进行装饰，会令人感到冰冷，缺乏亲近感。

2. 重量感

在材料的选择上，我们有时会需要轻松自然的材料，有时会需要沉稳厚重的材料。在建筑的外檐装饰中，越来越多地使用玻璃进行装饰，玻璃是一种具有独特个性的现代建筑材料，有自己与众不同的特点。它轻盈、明亮、清澈，质感光滑，与石材相比显得轻松自然。石头建筑是在西方较盛行，在现代材料充斥的城市环境中扮演城市建筑文化的基石角色，为人们提供心灵的栖息地。石头建筑的突出特点是厚重的"体积感"和严谨的几何造型，这与西方人讲求思维的逻辑性和艺术观念上的模仿有关。

3. 尺度感

尺度在建筑装饰设计中是一个重要的标准，直接关系到人的生活需要，我们总是在调节着身边的尺度，以便使用起来更加方便，采用不同的材料会给人不同的尺度感，会使人产生一定的错觉。例如，当室内空间较小，我们又想加大空间感时，可以选择镜面装饰一面墙，给人感觉空间开阔了许多。当住宅的室内过于空旷时，增加地毯、挂毯等软装饰可以使室内得到充实。

（二）人对材料的心理感觉

材料的心理感觉是人看到材料而产生的心理感受，人有喜、怒、哀、乐，不同的人在不同的时间、年龄、职业等情况下，对材料的心里感觉是不一样的。材料的表现能够影响人的情绪，使人在环境中可以达到最佳状态。

1. 材料的软硬感觉

混凝土一般由水泥、砂子、石子等骨料和水构成，经过固化后形成坚硬的固体。它是一种塑性材料，初期柔软而终期坚硬，既似石材那样坚硬，又比石材多了一丝柔和。因此，在现代设计中运用混凝土进行表面装饰，那种适度的软硬感给人以舒适的感觉。在住宅的设计中，卧室多采用纤维制品进行装饰，给人一种柔软的感觉。

2. 材料的远近和胀缩感觉

在空间环境中一般会有突出的形象和背景形象，当选择光泽度高、反射强度大的材料（如金属）时，效果会非常抢眼，会从大面积中显现出来，感觉离观者很近，且具有强烈的膨胀感。在同样的位置如果选用深色木材进行装饰，木材的纹理若隐若现，会形成较深远的感觉。

3. 材料的朴素和华丽感觉

木材的优点是给人的感觉亲切自然，能够体现简单、质朴、融入自然、清新宜人之气，无论是观感还是触感都很好。在现代生活中，人们追求的是紧张之后的轻松，在一个朴素的环境中人们会放松心情，由于实木地板、木家具都能营造出轻松的环境气氛，成为人们的首选。玻璃会体现强烈的通透感，在一些特殊的场合，选择金属制品、玻璃制品会有很强烈的反射效果。

三、材料的表现

（一）材料的自然表现

每一种材料都有自己的性质、特点，其表现都是那样的独特，都充满个性。例如，在意大利贝加莫设计师对一个曾经用作工业用途的工棚进行扩建改造，最终改建成一个大型的娱乐中心。建筑的立面采用锈蚀的薄钢板装饰，锈蚀薄钢板为金属材料，表面呈铁锈色，给人一种斑驳、沧桑的感觉，很有历史感。选择这种材料来装饰曾经用作工业用途的建筑，是一种非常直白的表现，非常贴切、自然。

（二）材料的非常规运用

每一种材料都有不同的用法，有些是常规的，有些是非常规的。彼得·马里诺设计的位于日本大阪的香奈儿商店的外墙是由低含铁量的、透明的、带有白色陶瓷夹层的玻璃幕墙构成的，且由酸蚀镜面玻璃板作为补充材料的建筑。在白天看来，这栋建筑是一个白色的立方体，而在夜间，发光二极管发出的光使它的立面因为有戏剧性的效果而变得生动起来。与之相似的乳白色和背景光玻璃却在 位于纽约的某家具展览室的楼梯中起着不同的作用。楼梯的结构支撑被隐藏在四层半英寸（1 英寸 ≈ 2.54 厘米）厚、低含铁量的带有半透明的塑料夹层的玻璃后面。它的踏步和钢化玻璃的侧墙分开四英寸，这样一来，楼梯看起来好像是自由飘浮的、水晶般的状态。这样的设计没有传统施工工艺的痕迹，也没有刻意追求材料连接方式的真实性，只有发挥极致想象而表现出的装饰效果。同样，天津瓷房子的外檐装饰是用青花瓷片贴面的。青花瓷又称白地青花瓷，简称青花，是中国瓷器的主流品种之一。但是运用青花瓷片作为外墙装饰材料是一种非常规的做法，整栋房子上贴满了各个历史时期、不同产地的青瓷片，散发着悠远、迷人的光彩，让人久久伫立，感情难以言表。瓷房子是一件完全创新的艺术品，它为这些碎片赋予了新鲜的时代寓意，也使这座有着百年历史的法式建筑与中国传统文化得到了完美的结合。

（三）材料的并置处理

在建筑装饰设计中，设计师一般都追求新颖、独特、富于个性的艺术风格，这就要求在造型设计上要增加丰富性，从而使材料产生并置处理。

1. 对比关系

在史蒂文·霍尔设计的位于美国得克萨斯州的住宅将压铸玻璃的流动性和坚硬的混凝土块进行强烈的对比。这种对比表现的是材料本身固有性能；又如赫尔芬德建筑事务所为位于纽约的杜布勒克里克的办公室所做的设计则注重运用经济的工业材料，这些工业材料包括角铝框架支撑的波形塑料墙板。桌子和细木家具是由带有深色木纹的木材制成的。这种对比是由木质纤维胶黏层压制而成的板材和统一处理的塑料形成的对比，是半透明塑料的轻盈与厚重的木纹肌理的对比。

2. 相互搭配

在建筑设计中，一般都会选择一种以上的材料，各种材料在同一个画面中出现，必然会出现相互间的搭配问题。例如，美国迈阿密的建筑学校项目，建筑的外立面基本上都是用预制的钢筋混凝土板搭建成双"T"型的横梁，两栋大楼所用的预制板用红、黄两种颜色的瓷砖加以包装，所有嵌板和瓷砖连接整齐，建筑"皮肤"、结构、隔热层以及它的颜色都和谐统一，又富于变化。

（四）材料的建构表现

建构表现是当今建筑界非常认可的话题，也是当今我国建筑界在探索建筑表皮的表现时所关注的问题。设计师开始摆脱传统的设计手法，运用新手法、新观念、新材料，挖掘旧材料的新特性，追求设计逻辑，且更加注重建筑之外的社会影响、哲学意义、精神冲击。活跃在中国建筑先锋实验舞台的建筑师无疑都关注建构并以自己的行动和思考来审视和尝试着建构的理论。19世纪德国学者散普尔曾将建筑建造体系分为两大类：①框架的建构学，不同长度的构件接合起来围绕出空间；②受压体量的固体砌筑术，通过对承重构件单元重复砌筑而形成体量和空间。第一种建筑体系最常用的材料为木头和有类似质感的竹子、藤条等；第二种建筑体系最常用的是砖或者近似的受压材料如石头、夯土以及后来的混凝土等。在建构的表现上，前者倾向于向空中延展和体量的非物质化，而后者则倾向于地面，将自身厚重的体量深深地埋入地下。例如，德国斯坦德堡住宅项目的房屋外墙面无论是墙体还是墙面外包装，都是用白云石搭建成的，呈网状结构，是设计者、建房师及工匠们一同手工堆砌而成的杰作。原本白云石应为墙体的砌筑材料，而此项目将石头在墙体部位堆砌为体量空间，对材料使用了新的技术手段，它蕴含着对建筑师个人审美情趣及社会观念的体现。

四、材料的色彩

色彩是大自然赐予人类的一种韵味无穷的美学资源，色彩与形状互相配合才能完整体现物体的风格特征，给人以美的视觉感受。

（一）色彩的基本设计

在人类生活的空间里，到处充满了色彩，色彩为人类的生活增添了无穷的情趣，成为人类生活中不可缺少的因素。人类对色彩的认识与应用也是由低级向高级不断发展和完善的过程。我们今天所总结的色彩艺术规律是自17世纪以来的科学家与艺术家智慧的结晶，他们使色彩理论不断的科学化和系统化，色彩所具有的丰富表现力已被广泛应用在各个领域。设计师要了解色彩的物理特点以及色彩对人类生理、心理的影响，正确灵活地运用在室内色彩设计中，设计出更加符合人类需求的色彩空间。

（二）色彩的特性

1. 色彩的物理特性

色彩是由光的作用而显示出来的，阳光具有一定的热能，不同的色彩对阳光辐射的反射和吸收各不相同，对热量的吸收也不同。一般而言，浅色反射强，热量吸收少；深色反射弱，热量吸收多。

色彩对光的反射作用也不同，我们可以利用色彩来调节室内的亮度。对于采光较差的室内宜用浅色，以提高反射系数，使室内明亮起来。

光源对色彩的影响也比较大，白炽灯光源为暖黄色，日光灯光源为冷蓝色。在这样的光线下，各种色彩也随之发生一定的变化。如食品店的食品在暖光下显得更加鲜艳，诱发食欲；在冷光下食品鲜艳程度会降低，食品显得暗淡。

2. 色彩的心理感觉特性

色彩的心理感觉特性是色彩固有的表情特征，掌握了这种感觉特性，适时地运用到室内装饰之中，会起到积极的作用。它概括起来有如下几个方面：

（1）色彩的物质性心理效果

色彩物质性心理效果是指色彩对人的心理产生冷与暖、轻与重、进与退、膨胀与收缩等感受，这种感受的形成是人的视觉经验与心理联想的结果，是非客观真实的一种错觉。色彩的轻重感主要由明度决定，高明度色具有轻量感，低明度色具有重量感，则白色最轻，黑色最重。根据色彩的这种特性人们在室内用色时，都把室内的顶部处理成高明度色（淡色调），地面则是低明度色（深色调），给人以舒展及稳定之感。色彩的膨胀和收缩与色彩的明度、彩度及冷暖色都有关系。高明度的色彩、鲜艳的色彩、暖色都有扩大、膨胀的感觉，而低明度色、灰色、冷色有收缩、聚集的感觉。因此，人们在室内装饰中运用这一特殊性来调节室内的空间感。

色彩的冷暖感是由人们的心理联想而产生的。红、橙、黄色常使人联想到燃烧的火焰，具有温暖的感觉；蓝青色常使人联想到水、冰、雪、天空、大海等寒冷而冷静的东西。因此，人们便把与红、橙、黄相近的色来代表暖的象征；把与蓝、青相近的色作为冷的代表。色彩冷暖的一般规律是凡含有红黄色的有暖感，含有青色的有冷感；高明度色有冷感，低明度色有暖感；高纯度色有暖感，低纯度色有冷感；无彩色的白是冷色，黑为暖色，灰为中性色。在室内装饰中常运用色彩的冷暖特性来调节室内气氛，以体现出不同功能的工作空间。

色彩的华丽、朴素感与色的纯度有关，与明度也有关。凡是鲜艳而明亮的颜色具有华丽感，凡是浑浊而深暗的颜色具有朴素感；彩色系具有华丽感，无彩色系具有朴素感；运用相对比的配色具有华丽感，特别是补色相配尤为华丽；强对比色调具有华丽感，弱对比色调有朴素感。

（2）色彩精神性心理效果

色彩不但能够表达人类的内心情感，还能进一步表达人的观念和信仰。由于人的性别、年龄、职业、受教育程度等存在差别，对色彩的喜爱与理解也不同。色彩不但产生具象联想，还能产生抽象联想。我国封建社会将色彩当作"明贵贱，辨等级"的工具，黄色是封建帝王的代表色，象征着高贵与特权。现在人们又赋予了色彩新的内涵，红色具有革命、热情等意义，绿色象征着生命、和平等。纪念馆、纪念堂等主题性的室内设计更注重色彩的象征性以及对人精神产生的作用。

（3）色彩的构成因素

构成室内色彩的因素很多，由于室内的功能不同，各种因素对室内色彩产生的作用也比较复杂。

建筑构件是指柱、隔断、楼梯、门窗等，这些因素也是影响室内色彩环境的重要因素，它们的色彩处理不好会影响建筑的整体色彩。公共空间的壁画、壁饰与雕塑，居室陈设的装饰品、工艺品、书画等，这些不仅表现了人们的文化修养与情趣，同时也影响着室内的色彩。

（4）色彩的设计规律

在室内色彩设计时，根据室内的空间功能与形式，运用色彩的特性及规律，丰富设计语言，创造出符合人类身心健康的室内环境。

1. 功能对色彩设计的限制

室内功能不同，色彩的选择也不同。合理的色彩设计应围绕室内功能展开，利用色彩对人生理、心理的影响创造出符合要求的空间环境。特别是公共场所的室内色彩设计，更应考虑功能对色彩的要求这一关键问题。图书馆、办公楼的室内色彩应注重读书与办公的空间功能，选择适宜读书、办公的色彩，白色、浅蓝、浅绿等明亮偏冷的色彩组合能创造出平静、沉着的气氛。体育馆是热烈、欢快的场所，适宜用鲜艳的暖色，如观众的座位及地面采用橘红色、红色等，使运动员和观众处于兴奋状态，有利于运动员创造出好成绩。

2. 色彩的多样统一

色彩的多样统一是造型艺术中最基本的规律，任何事物过分统一即显出单调感，反之则会杂乱无章，没有条理。在室内设计中，通过对色相、明度、纯度的调整变化，求得所需的色彩组合，利用色相、明度、纯度三要素中的某种要素相近或相同，得到同一或近似调和，这种色彩关系追求色彩的一致性。例如，卧室的顶棚与墙面为浅黄或乳白色，地面、家具选用浅黄或浅棕色，卧室色彩统一在近似调和的色调中，形成温暖柔和的色彩环境，通过色相、明度、纯度三要素的变化产生活泼、鲜明的色彩对比关系。这种对比的色彩关系可以通过色彩对比的面积或色彩呼应来实现对比调和。大面积统一、小面积对比或对比的色彩有秩序，都能创造出色彩丰富而协调的色彩空间。

3. 主色调与重点色

色调可分为明度基调与颜色调两方面，明度基调又分亮、中、低三个基调，亮调色彩明亮轻柔，中调色彩丰富饱满，低调色彩沉着稳重；颜色调是指色相环上以某色作为画面主体色调，色彩的主色调在室内环境中十分重要，它决定着室内环境的性格与气氛，不同的色调给人的感觉与联想是不同的，清淡柔和的暖色调给人温暖的感受，冷色调给人清幽凉爽的感觉。

视觉中心是室内空间的突出点，起到画龙点睛的作用。这个中心可能是一面墙、一套沙发、一件装饰品，重点色应围绕视觉中心设立，强调色彩的对比关系，起到衬托视觉中心的作用。如一间会客室，在清淡的蓝色调空间里放置一组色彩艳丽的沙发，这组沙发与整体形成对比关系，成为视觉中心，有点明空间主题的作用。

4. 色彩的节奏

利用色彩的面积、位置、明度、色相的变化，通过视觉感受出节奏与韵律，利用色彩的渐变节奏、反复节奏来增强室内环境氛围与格调，使空间呈现秩序美感。利用渐变节奏的方法对室内的地面、墙裙、墙面、天花的色彩进行由深到浅的渐变设计，既有稳定感，又有一种秩序美感。若是在较大的空间里，可以利用色彩区域重复划分空间，产生反复的节奏，弥补空旷的单调感，从而增加韵律感。

5. 地域、气候、民族对室内色彩的影响

地区气候及民族习惯、信仰等因素，对色彩的运用有一定的影响。南、北方的气温差异很大，北方的室内色彩要暖一些，南方的室内色彩要偏冷。不同的民族对色彩的喜爱也不同，汉族喜爱红色、绿色；蒙古族喜欢橘黄色、绿色、蓝色；回族偏爱黄色、白色、绿色；苗族喜爱青色、深蓝色等。针对这些特点，要有所

选择和考虑，使室内色彩设计更符合每个民族的生活习惯。

在室内设计中，色彩作为设计中形、色、质的三大要素之一，正发挥着重大作用，色彩正以其独特的心理优势，感染人类的心理和情感。正确运用室内色彩设计规律，才能创造出符合人类物质与精神需求的优秀室内环境。

五、建筑色彩环境设计

（一）建筑色彩的表现力

色彩设计是建筑设计的一项重要内容，恰当地运用色彩可以加强建筑艺术的表现力和感染力。但是，在我国建筑界，色彩设计问题长期以来没有得到应有的重视，无论是建筑设计部门，还是建筑审批部门，往往对建筑物的外观造型十分重视，忽略了色彩设计，使相当多外观形状尚可的建筑物因色彩不恰当而缺乏美感。今天，不论是城市还是乡村，千篇一律的国际式风格本来就十分单调，令人乏味，在建筑色彩上一律是蓝色或绿色的玻璃幕墙、白色或灰色的贴面，装饰标准高一些的也就是加上灰色铝合金板材或花岗石等，我们现在是生活在灰色钢筋混凝土的森林中。

好的色彩设计往往可以有效弥补外观形状上的缺陷，或使好的造型锦上添花。优秀的建筑师可以十分娴熟地通过色彩三要素的变化反映建筑物的形状、空间、体量甚至情感，从而完美、全面、深刻地表现建筑设计的理念，展示个人的设计风格，给人以充分的美的享受。"只要色彩丰富，形状就会饱满"恰如其分地描述了色彩所具有的非同一般的特殊功能。因此，深入发掘色彩所能体现、表达和传递美的能力，对建筑设计具有十分重要的意义。

（二）建筑色彩设计的功能

1.建筑色彩的视觉冲击效果

色彩能给人视觉上的强烈冲击，别致的色彩可以成为表达建筑物风格的一部分，给人留下经久难忘的印象。当我们想到悉尼歌剧院时，首先跃入大脑的便是蔚蓝的大海上漂浮着一片白色的帆，蓝、白色的对比恰到好处地配合风帆的造型设计，给人留下十分深刻的印象。如果悉尼歌剧院的色彩不设计成白色，悉尼歌剧院想必也不会成为悉尼的一颗海上明珠，备受赞誉，成为建筑设计的经典之作。

色彩的视觉冲击效果往往和背景环境的色彩有关，因此设计建筑色彩应该充分利用背景环境所提供的机会。例如，不同的国家、地区、民族有不同的审美情趣，偏好不同的色彩及其组合，在建筑设计中如果能够充分应用不同民族的倾向背景，色彩的视觉冲击效果既可以展示各地风采、民族特色，又可以通过视觉对比，强化人们对建筑物的印象。反之，如果在设计色彩时不充分考虑背景环境，就会降低色彩的视觉冲击效果，弱化人们对建筑物的印象。在这方面，法国色彩界实践派领袖让·菲力普·朗科罗提出的"色彩地理学"概念颇为引人注目，朗科罗教授在这一领域钻研了长达40年，对色彩本身及随地理文化内容而变的特征做了深入研究，取得的成果很值得借鉴。在目前我国城市建筑陷入特色危机的情况下，更要提倡从研究地方及传统色彩偏好出发，从中提炼出设计元素，突出色彩设计在特定背景下的视觉冲击效果，丰富建筑形象，提升设计品位。

2. 建筑色彩的心理暗示效果

色彩往往与特定的联想和意境联系在一起，具有强烈的心理暗示效果。例如，红色代表兴奋、喜庆、庄严；蓝色代表清静、纯洁、深沉；绿色象征活力、新鲜。这些都说明色彩具有丰富的内涵和象征意义。曾经有两名日本学者通过心理实验分析不同色彩的办公厅建筑给人的心理满意度，从而确定办公建筑采用什么样的色彩最受人欢迎，实验的依据便是寻找色彩对人具有心理暗示效果。借助于色彩具有心理暗示效果这一特点，可以灵活运用色彩的象征意义来表现建筑内部不同空间单元的功能性格、艺术特色，甚至是设计者的强烈诉求。例如，卧室是供人休息的场所，因而可以运用粉红色、白色这些引发安静、温馨感觉的色彩；超市可以运用淡绿或者蓝绿色调，暗示食品的新鲜和红润。

另外，同一种色相存在不同的色调、明暗及饱和度。在设计方案图时，有必要对此进行细致的区分。目前这一问题没有得到足够的重视，通常的做法是简单地批注建筑物的色彩是什么色相，如红色，而没有注明是粉红色、朱红色，还是大红色等，没有充分发挥色彩对人们心理暗示的细微差别。有人称现在我国建筑设计有三级色彩：乡镇级，就是在市场上买回原色直接用；县市级，是对原色略加调配；省级，原色调配比较讲究，但也没有严格按照世界标准色标。在进行色彩设计时不细致区分色调、明暗和饱和度，往往会损害原设计思想，所以真正严谨的建筑师在设计色彩时，会明确指出具体运用什么色调，以及它只能同什么色彩进行匹配。以红色为例，因为发黄的红色如红橙色在种类上就不同于发蓝的红色，而柠檬黄上的红橙色又和黑色上面的红橙色完全不是一回事。因此，如果不指明是什么红色，不限定它与其他什么颜色进行匹配，就可能达不到应有效果，甚至毫无美感可言。

3.建筑色彩的空间表现效果

色彩不仅能发挥自身的表现力，还能够强化、调节、组织形体乃至表现形体的空间效果，我们称之为建筑色彩的空间表现效果。人们在生活实践中发现，形体显现和色彩显现在光的作用下具有某种自然联系，因而在很多情况下色彩可以弥补形象设计上的一些先天不足，以达到单纯的形象设计不能达到的效果。例如，模特在进行面部化妆时，总是在眼窝部分施以相对低调的冷色，在额头和鼻梁脊上则采用相对高调的暖色，从而强化脸庞的轮廓感、立体感。建筑行业同样如此，过去建筑设计往往只是利用色彩的线型来调节建筑物的高矮感，或用色彩的明度或强度来表现建筑物的凸出或凹进，其实这只是色彩空间表现效果的低层次应用，真正的色彩空间表现效果的内容要丰富得多。

约翰内斯·伊顿在他的杰出著作《色彩艺术》中有这样一段话："在比较典型的巴洛克建筑中，静止的空间被归结于带有运动节奏的空间，色彩也被纳入同样的用途。它不是用来表现客观物体，而是用作韵律连接的一种抽象手段。说到底，色彩是用来帮助创造深度幻觉的。"这段话可谓深刻地揭示了色彩空间表现效果的独特魅力。细想一下，中国古建筑的白色台基、大红柱子和黄色琉璃，便是因为色彩的这个特点而带来灵空、升腾、舒展的深度视觉效果。一些建筑大师如安藤忠雄、路易斯·康等常娴熟地运用光和色来表现空间，这些都值得我们认真学习和借鉴。

4.建筑色彩的整体协调效果

建筑物的各个组成部分自然存在着差异，如果不注意过渡、协调、整理，尤其是如果不从色彩的角度，处理好部分与部分、部分与整体的关系，会使人感觉凌乱无序，缺乏整体感。现在有些商业建筑只求标新立异，不管组成形体各部分的特殊性，统一加以鲜艳夺目之色，结果造成刺眼、繁杂、累赘的效果，使人不快。建筑色彩的失控和泛滥已造成了对环境的破坏，称得上是一种色彩污染，因而，研究建筑色彩的整体协调效果具有十分重要的现实意义。当一幢建筑物具有两种以上的色彩时，或者说只有一种色彩但有明度、彩度等变化时，它在色彩设计上就存在着色彩的整体协调问题。这里需要说明的是，协调或不协调的说法不仅仅是指色阶的适意或不适意，有吸引力或无吸引力，更重要的是指秩序、力量的平衡与对称。

威廉·奥斯特瓦尔德曾谈道，在使人愉快的色彩中间，自有某种有规律的、有次序的相互关系可寻，缺少了这个，其效果就会使人不愉快或使人全然无感觉。

现在有些建筑师并没有深刻地理解建筑色彩整体协调的含义，在色彩设计上毫无秩序可言。例如，有些建筑物的勒脚要用灰色水磨石模仿天然石材，需要用分隔缝划分出一块块石材，如果要达到整体协调的自然效果，勾缝的颜色应选用深灰色，以表现勾缝的凹进感和阴影感。但现在一些建筑物却采用明度高的白色涂料来勾缝，从远处看，明度高的勾缝就像一张白网罩在深灰色的表面上特别刺眼。

要达到色彩整体协调的效果有多种方法，包括采用色相对比、明暗表现，处理冷暖关系、补色关系、色度对比关系、面积对比关系等，运用这些方法要注意建筑物各部分的差异和整体效果。

另外，在进行色彩整体协调的设计时，还需要考虑观看距离的变化。整体协调的色彩设计应该使人在趋进建筑的整个过程中，从远至近都感觉美妙，而不致产生杂乱无序的印象。有秩序的色彩好比高低不同的音符与节拍，弱对比会引发含蓄的感受，强对比会引发明确肯定、雄劲的感觉，从而在人们的生理、心理上激发共鸣，引发美感。从这个角度讲，建筑师实际上是在用自己的心声进行设计，创造出婉转优美的建筑旋律。建筑色彩涉及方方面面的问题，如色彩与材料的关系、光源对色彩的影响等，新兴的边缘学科如建筑计划学也研究色彩问题，它包括建筑色彩及其心理效果、色彩识别与安全的关系等。我们应该深入研究色彩的功能，通过更多的理论研究和实践探索，充分发挥色彩在建筑设计中的作用。

色彩是人们视觉中最响亮的语言，它传递信息、表达感情，蕴神寓意尽在其中。色彩也是室内环境设计的重要因素之一。

第二节　建筑装饰材料的表现特征

一、材料表现的生态性

建筑研究领域的重点正在向人居环境科学领域不断扩展，可持续发展的概念日益深入人心。近年来，建材市场上大量涌现出许多新型、美观、实用、耐久、价格适中的建筑装饰材料。一些新型高档的外墙装修材料，除了具有装饰和保护作用外，还具有某些优异的使用功能。例如，现代建筑大量采用的吸热或热反射玻璃幕墙不但可以对室内产生"冷房效应"，还具有隔声及防结霜等功能。建筑的生态性可以说是当今世界建筑界的研究热点。建筑的可持续设计使得建筑师的社会责任感不断得到增强，也使得建筑创新的范围得到不断的扩展。不仅如此，健康、安全、无害、绿色、环保型的装饰材料已成为国内外人士关注的热点。例如，上海世博会的西班牙馆——"藤条篮子"建筑，让我们体验了最真实的西班牙。这是一座占地 7000 平方米、由 8524 个藤条板覆盖、外墙"散发"诗情画意的展馆，是一座复古而创新的建筑。场馆采用的材料是藤条，这种建筑材料是最传统的、最环保的。藤条设计是建筑的一种趋势，首先要解决的是防湿、防火方面的问题。该建筑的 8524 个藤条板的质地、颜色各异，面积达到 12 000 平方米，通过钢结构支架来完成，线条呈流线型。阳光透过藤条的缝隙，洒在展馆的内部，顶部的太阳能板为建筑提供能源。展馆全部使用环保、可持续性的材料，体现了西班牙馆的展示主题"我们世代相传的城市"。

再如，上海世博会城市实践区的"竹屋"设计。"竹屋"是西班牙馆的一个组成部分。竹屋，顾名思义，其建筑外面覆以竹材，景观设计独特。随着太阳照射角度的改变，可以任意开启竹屋外立面的竹窗，为建筑物起到遮挡阳光的作用。竹材不仅具有保温、除噪、遮光的功能，而且冬季可以遮风挡雨，夏季可以防晒防热。竹材既经济又环保，也是当今时尚前卫的装饰材料。当代建筑装饰装修正朝着"绿色""环保"的方向发展，大力倡导使用生态建材。这种新装饰材料已经渐渐成为装饰材料的主流。这就意味着建筑创作应该更注重于关心人与自然、关心能源与环境、关心子孙后代与可持续发展、关心普通人的现实生活。

材料之于建筑师，正如画家手中的颜料，作曲家笔下的音符，是建筑师进行创作的物质基础，也是建筑创作从图纸物化为实实在在的建筑作品必不可少的物质条件。建筑师的理念和意图不仅要通过建筑空间造型来体现，还必须利用建筑材料去塑造。可以说，建筑材料是建筑形式的语言表达。

任何一种材料都具有自己的表情和语言，具有自己的独特的表现特点，它们通过人们的视觉、触觉和情感，以自身的造型潜能来表达自己的秉性，体现自己的天赋。不同的材料由于不同的生产与加工方式所形成的色彩、质感和纹理不同，以及在不同实际条件下采用的结构方式、构造方式、组合方式不同，就形成了林林总总、千姿百态的表现形式，从而形成了不同的建筑形象。作为建筑师，我们应该充分认识到材料表现对建筑创作的重要性，学习和掌握不同材料表现的客观规律，提高材料表现必需的技术水平和艺术修养，并在具体的设计实践中加以运用，才有可能创造出合格的建筑作品，改善我们所处环境的面貌。

建筑发展的历史离不开材料技术的进步，人类创造的建筑作品直接决定了该时期、该地域人们所掌握的建筑材料的生产水平和施工水平，而且不同地域由于资源、气候、技术水平、意识形态的差异，自然也会形成建筑的地域性差异，这一点在缺乏物质交往、技术传播的古代尤为突出。古埃及金字塔的形成一方面由于当地当时石材资源丰富，另一方面也与古埃及人掌握的高超的石材生产与施工技术分不开。而在古巴比伦，则由于两河流域缺乏木材和石材，人们习惯用黏土和芦苇来制造房屋，为了保护黏土墙面，以琉璃砖作为表面材料，也就形成了色彩绚烂的两河流域建筑。

同时，新材料、新技术、新工艺的出现也必然会使建筑形象有"质"的飞跃，建筑创作手法也就更为自由，建筑形象也就更为新颖。古罗马就由于天然混凝土材料的使用，使得拱券技术大大发展，拱和穹顶的跨度非常可观（万神庙的穹顶跨度达 43.3 米），而且拱券的形式也大大丰富，特别重要的是，建筑的内部空间也摆脱了承重墙的束缚，由古希腊的单一空间发展到复合空间，并且开创出空间序列的设计手法（如戴克利提乌姆浴场）。在近代，由于人工混凝土、钢材、玻璃这三大现代材料的大规模使用，学院派建筑宣告结束，现代建筑也应运而生。新建筑不仅在跨度和高度上取得了前所未有的突破，而且由于玻璃幕墙的运用，建筑的光影变化也更为丰富，内外空间的界面也变得更为通透。一些杰出的建筑师由于对某些材料的偏爱，以及在他们作品中的娴熟运用，形成了其独特的风格。如大家熟知的白色派大师理查德·迈耶，被誉为"混凝土"诗人的日本建筑师安藤忠雄以及执着探索砖的表现力的瑞士建筑师玛利奥·博塔等。

现代建筑运动思潮繁多，流派纷呈，其中有不少都与材料的表现有关。大家谈到"粗野主义"，就会联想到马赛公寓、昌迪加尔法院那些粗糙的混凝土墙面以及沉重的混凝土构件；谈到高技派建筑，也总会想起蓬皮杜文化艺术中心充分暴露的钢结构。我们也应该看到，任何建筑作品都不能脱离"建造"本身，像解构主义这样的流派，虽然其理论的核心并不涉及材料的表现力，但是如果没有一定的技术支撑，也只能成为无法实现的"纸上建筑"。由于建筑是实践性极强的活动，侈谈理论、不顾实践的建筑作品极有可能陷入词不达意的怪圈，最终虽空有华美的评论文章来包装，在普通的观众看来，就如同"皇帝的新装"，只能起到自我安慰、自欺欺人的作用。而相反，一些原本平淡无奇的建筑却完全可以通过材料运用得当、组合搭配合理、细部处理精致而获得观众的好感。

二、材料表现的文化性

建筑是以物质结构的形式而存在的，在这种物质结构中又充满着艺术形态。所以建筑体现的是一种文化性，是一种文化现象。它反映着不同历史、不同时期人的生活和社会特征，参与着人和社会中的各种活动。例如，上海世博会德国展馆的设计，它的主题为"和谐城市"，传达出一种人文的城市文化理念。德国馆的主要展区是由三个被底座支撑起来而呈悬浮状建筑体和一个锥体形状建筑物组成的。这个锥体形状建筑物是一个特别舞台，上演德国展馆最精彩的一项娱乐活动——"动力之源"。"动力之源"厅是展馆的磁场，它生成的能量维系着都市的生命力。该展馆最多可以有 750 名参观者进入，在环绕着展厅中心的螺旋状回廊上观看金属球，金属球面上将显现不同的图像、各种色彩和图形，其内部装有感应装置，能对人群的动作及呼声做出回应。厅内的参观者欢呼声越大，金属球摆动的速度和幅度就越大。此时，德国展馆的参观者共同经历着齐心协力所产生的巨大能量。它提醒着人们，创造都市活力要靠每个人的努力。

我国是一个农业大国，人们世代生活在黄河流域、长江流域，在这里土地肥沃，森林资源丰富，人们在生活劳作中对于土木有天生的依赖性。从我国古代建筑的形式可以看出，泥土和木材是我国主要的建筑材料。在我们的建筑中，用夯土筑成台基，用木构件搭成框架，用木板作围护。在我们的建筑中，无论是外檐翘起的斗拱还是内部的柱、梁、仿、拱等构件都有着优美的线条，宛如中国画中勾勒的线条时而遒劲有力、时而蜿蜒秀美，讲求流畅、起伏、节奏、韵律感，体现出中国建筑与中国画中线的运用有一定的相同之处，即具有装饰美，更体现出中国文化的韵味。

当今的中国是一个开放的中国，多元文化并存，而传统文化的时代特征更具有生命力，如苏州博物馆的设计，将白色粉墙成为博物馆新馆的主色调，也就是把该建筑与苏州传统的城市理念融合在一起。灰色的花岗岩取代了灰色小青瓦坡顶和窗框，新的屋顶也被重新诠释。博物馆屋顶设计的灵感来源于苏州传统的坡顶景观——飞檐翘角与细致入微的建筑细部。玻璃屋顶与石屋顶相互映衬，使自然光进入活动区域和博物馆的展区，为参观者提供导向并让参观者感到心旷神怡。玻璃屋顶和石屋顶的构造系统也源于传统的屋面系统，过去的木梁和木椽构架系统被现代的开放式钢结构、木作和涂料组成的顶棚系统所取代。金属遮阳片和怀旧的木作构架在玻璃屋顶中被广泛使用，以便控制和过滤进入展区的太阳光线。传统文化的精神依然存在，但被全新的材料、设计理念所诠释，赋予了时代特征。

三、材料表现的艺术性

建筑是公共艺术，建筑是人为艺术，建筑要反映时代特征，时尚作为艺术的一个潮流风向标与同样作为艺术的一个分支的建筑有着必然的联系。建筑是功能的载体，是我们生活的一部分，也影响着我们的生活。建筑又不只是功能的载体，建筑要存在多年，所以我们不能一味地追求"时髦"，而要抓住时代的永恒面貌。也就是说，时间改变了，环境改变了，要求改变了，建筑也要对此做出反应。建筑可以永远存在，优秀的建筑是超越时空的创作。

我们同样可以看出建筑材料的发展演变已经从技术走向了艺术，也从物质层面走向了精神层面。上海世博会中国馆的设计中，高耸的国家馆与在地面上水平展开的地区馆相呼应，以体现东方哲学中"天"与"地"的对应关系。在整体造型的处理上，国家馆的整体造型将中国古代木结构建筑中的斗拱放大，并从夏商周的青铜器中吸取整体造型特征，忽略其间相互穿插的梁、柱、契等部件，展现出强烈的艺术感染力。中国古代建筑在形态上的最显著特征就是有一个大屋顶，硕大的屋顶经过曲面、曲线的处理，显得不那么沉重和笨拙，再加上一些装饰，就成了中国古代建筑富有情趣的一部分。如果我们走进故宫，看太和殿、保和殿等体量庞大的建筑，居然一点也没有沉重感，它们在严谨与庄重中还能透出几许灵动，就是因为凌空翘起的飞檐划出了一道弧形的轮廓线，使覆盖面积很大的屋顶变得轻巧起来，成为极富神韵和表现力的一部分，展现出强烈的艺术感染力。

建筑是一门实用艺术，是艺术与技术的结合。建筑的这一特点在材料表现上得到集中体现。材料的艺术性主要表现在材料通过色彩、质感和肌理这些基本属性，通过一定的结构形式和构造形式表现出来，通过相互的搭配、组合、连接，最终形成视觉作用下的统一，给人以愉悦的视觉感受。材料的技术性则涉及材料的力学性能、化学性能、热工性能、结构方式、构造方式、生产加工工艺等诸多方面。

在许多公众的眼中，建筑师是艺术工作者，许多建筑师也认为，建筑师的艺术修养对建筑创作具有十分重要的影响。一代建筑大师勒·柯布西耶在绘画和雕塑上也有着相当高的造诣和成就。于是，我们开始过于强调建筑的艺术性，热衷于各种流派和思潮，而忽视了建筑的技术性，对结构、构造和工艺漠不关心。

意大利著名的结构工程师和建筑师奈尔维在他的专著《建筑的技术与艺术》中说："一个技术上完善的作品，可能艺术效果上甚差，但是，无论是古代还是现代，却没有一个美学观点上公认杰出的而技术上却不是一个优秀作品的。"看来，良好的技术对于建筑来说，却是一个必要的条件。建筑大师密斯·凡·德·罗对技术的美感十分推崇，他的那句名言"当技术实现了它的真正使命，它就升华为艺术"十分精妙地阐释了现代技术条件下技术与艺术的关系，他说："我认为，搞建筑必定要直接面对建造的问题，一定要懂得结构和构造。对结构加以处理，使之能表达我们时代的特点，这时，仅仅在这时，结构成为建筑。"

美国哥伦比亚大学建筑学教授肯尼斯·弗兰姆普敦认为建筑的根本在于建造，在于建筑师利用材料将之构筑成整体的创作过程和方法。在职业分工越来越细的今天，建筑师已不需要成为像伯鲁乃列斯基或者米开朗基罗那些前辈大师那样的全才，这固然为当代建筑师省下了相当多的时间和精力，但也极容易使建筑师与具体的"建造"相背离，或者违反结构与构造逻辑，创造出一些外表哗众取宠的作品，使建筑成本增加，或者抄袭、模仿名家名作的立面，而不积极分析其内在隐含的目的和动因。其实，多了解材料的技术性不仅不会浪费我们的时间，相反还会使我们的创作空间更加自由。对材料的技术层面的深刻把握也有助于我们在材料表现力上的创新。

对于艺术和生活，真、善、美是被大众所接受的衡量标准和情操境界。与绘画、雕塑相比，建筑艺术更贴近并影响人们的生活。在建筑的表达方式中，那些单纯玩味建筑形式的表现手法，有时会走向庸俗与造作，这就是缺乏"真"的缘故。曾经，材料的本性日渐呈现被侵蚀的趋势。一些复杂的建筑空间与立面掩盖了材料的真实性和社会内涵，用传统材料的华丽外表掩盖了建筑空间的苍白。大卫·哈维曾批评过后现代文化中"赝品"的出现——一种极完美的物质状态，使真品与复制品之间的区别难以识破，通过现代建筑材料和技术复制古典建筑变得十分精确，因此原品的真实性反而常常受到怀疑。赝品的生产已不仅仅是对建筑设计的限制，而且导致当代人类活动极度混乱的现象。电视、电影、广播等各种媒体都传播着一种文化，短暂的瞬间感受变得比从过去延续到今天直至将来的观念更重要。对许多人来说，对发展恒久高贵的理念的追求已经死亡。

在这种背景下，对真实材料性质的新探索不仅能创造感官和心理上的回报，而且能与闪烁不定的非物质世界相对，产生谦逊、真实的冲击力。建筑的表现形式并非凭空臆造，它反映了同时代的文化精神和审美取向，是经济和技术的产物。任何建筑构成元素的形成都是人们通过运用材料并改进技术，历经岁月演化的结果，是艺术和实用的结合，也是人类理性思维和感性直觉的创造。伟大建筑的建造逻辑都是清晰明了的，柯布西耶的全框架外露表达了柱梁承重结构的真实，不加粉饰的混凝土外露表达了材料的真实。

赫尔佐格与梅隆设计的多明纳斯葡萄酒厂用铁笼内装当地石头做外围护结构，根据需要做成半透明的石墙，与当地环境融为一体，表达了石头的真实、光的真实、风的真实。博塔用砖建造的一系列小住宅表达了砖的真实，用砖说出了建筑的真实。

艺术真实性主要指以下三方面：

（一）根据建筑不同的部位和功用，适当选择材料与形式

赖特曾说："我懂得把砖看成砖，木看成为木……每种材料都应有不同的处理以及适合其性能的使用可能性。"他在选用材料时特别注重发挥其天然本性，充分表现颜色质感，追求合理的力学特征。这同时也说明了建筑的双重性，即科学与艺术不可分割。建筑艺术的创造涉及许多建造因素，如材料性能、施工工艺、结

构计算等，于是便具有与其他造型艺术不同的表现风格和特征，可以认为建筑艺术必须依附于建造逻辑。

（二）不刻意掩饰材料形态，而是突出工艺自身的装饰性

材料的表现形态应反映材料的固有特点，这一点在路易斯·康的作品中显而易见。康说："我相信建筑与一切其他艺术一样，艺术家本能地要把作品的制作痕迹保留下来。"他袭用粗野主义的手法，毫不掩饰砖的略不规整、石材的纹理孔隙、木材的结疤纹路，而是将它们视作建筑工艺的装饰，既不虚饰一个节点，也不虚饰一种材料，使它们与建筑物整体紧紧联系在一起。

（三）材料运用的内外统一

在建筑表现中，木、石、砖、混凝土等传统建筑材料不仅是墙体材料，也是结构材料。在此基础上，东西方地区都发展了各自完整的结构体系，如砖拱、木架等，表现出内外统一的纯净空间，凸显了结构和材料本身所创造的空间感染力。这一时期，艺术的真实性还包含着材料运用的内外统一性。

当然，艺术的真实性在不同历史阶段有着不同的内涵。对于石材饰面干挂于混凝土结构表面，或砖建筑的外表覆盖钢结构等做法，过去都会被认为是缺乏艺术真实性的表现。然而，在地球资源匮乏的今天，提倡节省能源、追求可持续发展成为时代的主题。天然的传统建筑材料不再提倡无节制地使用，而是有规划的使用。艺术的真实性含义变得比过去更加复杂。

我们从建筑材料在建筑设计历史的发展过程中了解到材料不断演化的过程，建筑材料的发展是随着社会的进步、科技的进步逐步从单一向多元化转化，由原始状态向新型、现代化的材料方向转化，这些建筑材料也具有了自身独特的性能和外形特征。品种繁多、丰富多彩的建筑材料从初期表现自身的尺度、体量、色彩到表现材料的内涵，我们可以看出建筑材料的发展演变已经从技术层面走向了艺术层面，同样也从物质层面走向了精神层面。材料的设计运用也形成了一个较开放的体系，没有一种具体的划定标准，材料之间的搭配也没有明显的边界束缚，材料从被建筑师选择去表现建筑到通过自身所具有的不可替代的可塑性和独特气质而决定建筑的表现，材料的魅力在不断地外化与扩展。

传统文化是文化发展的基石，是传承现代文化的基础。在当今建筑设计中传统装饰材料的精神依然存在，传统装饰材料从主要表现自身的尺度、形象、特征、功能，到当今所诠释的是设计思想、设计理念，被赋予了更多的时代特征。

建筑的可持续设计可以说是当今世界建筑界的研究热点。可持续性的要求又

会提醒人们不断发展更具有生态性质的新型材料，以增强其文化性和艺术性。伴随着科技的进步和设计的创新，建筑创新的范围得到不断的扩展。不仅如此，健康、安全、无害、绿色、环保型的装饰材料已成为国内外人士关注的热点。建筑装饰材料呈现出更加多元化、丰富化的特征，这要求我们建筑师要时刻保持全新的视觉角度，认识新材料，创造新工艺，以此来达到材料表现其建筑艺术性的目的。总之，对材料的艺术性与技术性的充分掌握，是达到建筑作品材料表现的基础，两者不可偏废。

四、材料的审美原则

审美亦称"审美活动""审美实践"，是感知、欣赏、评判和创造美的活动，是构成人对现实的审美关系、满足人的精神需要的活动。它直接诉诸感性的形象，具有直觉性，同时又是理性的，伴随着联想、想象、判断、情感、意志的活动。它是从精神上把握世界的方式之一，服从认识的一般规律，但主要是形象思维过程，并同其他意识活动相互制约。它具有创造性、发展性和鲜明的个性色彩，又受审美对象的制约和社会历史条件的影响，具有社会性。

形式美是指自然、生活、艺术中各种形式因素（色彩、线条、形体、声音等）及其有规律的组合所具有的美。它的特点是：①形式美具有相对独立的审美意义，形式美与美的形式既有联系又有区别，美的形式不能脱离美的内容，而形式美对美的具体内容有相对独立性；②形式美概括了美的形式的某些共同特征，具有一定的抽象性，形式美所体现的内容是间接的、朦胧的；③形式美和自然的物质属性、规律有着紧密联系。由审美的诠释到形式美的提炼我们不难得出，材料的美学效应应该具有形式美的相应法则特征，同时应该具有一定社会性。

室内材料的美学观是指材料的视觉效果，包括质感、色彩、肌理效果，更为不同的就是它的触感效果。由于它和人的距离很近，人们随时都有可能触及材料的质感。而又由于室内外的环境不同，那么材料在室内和室外、白天和黑夜的选择上都有着相同的地方和差异之处。室外的材料美学观主要指的是材料的视觉效果，其中包括材料本身的色彩、质感、肌理，还包括根据人的成长经验通过观看而自己赋予它的触感；还有材料的结构性，室外材料必然要在结构性上起到其应有的作用。形式美的主要法则为单纯齐一，对称均衡，调和对比，比例、节奏、韵律多样统一。

材料本身的美学特征符合形式美的基本法则，我们运用材料自身的美学法则的条件是遵循形式美的基本法则。但由于室内与室外材料自身美学效应的差别，室内外材料的审美法则有差异。

（一）材料的感知效应决定审美原则

在设计中，不同的材料会传达设计师的不同理念，营造出不同的空间气氛，如和谐或对比、温暖或冰冷等。而这些都取决于人们的感知。

1. 室外饰面材料的感知效应

①木材。它可以被加工成各种形状，但都代表原始、简单、自然，非常适合园艺建筑、休闲建筑，带有花格的门窗及木质梁柱给人以舒适、亲切感。

②石材。它代表结实、厚重。对于建筑的底层，人们往往喜欢用石材。因为它给人以结实、耐久的感觉。在某些公共建筑上，石材能表现其庄重、严谨的气质；而另外一些用华丽而名贵石板做装饰立面，则显示出豪华不凡的气派。

③金属材料。它是一种质地均匀、有耀眼光泽、易加工成各种形状的高强材料。近年多见的铁艺花饰既有浓厚的古韵，又可将唯美理念发扬出来。铝塑复合板、铝合金型材、不锈钢等是近年来被大量使用的立面材料，它们丰富多样的立面造型能力将建筑与时代拉到了同一起点。

④玻璃。它是透明的，能完成空间的分割而在感觉上却是相连的，这是它的特殊之处。它能折射、反射，半透明，带有颜色；在立面上，广泛地用作窗户。当它与灯光配合时，可以创造出现实中不存在的"梦境"。

⑤涂料。它更近似于印刷用的颜料，自身几乎无质地，却能完美地表现色彩。涂料用作立面时，更像一幅色彩构图，既要避免单调的大块颜色，又不要弄混颜色而令人"眼花"。由于不同颜色会相对产生"视觉深度"，而出现"色彩透视"现象，这种情况应与实际透视达成某种和谐。

2. 室内饰面材料的感知效应

材料的性能、质感、肌理和色彩是构成室内外环境的物质因素。任何一个人造环境都是由各种材料，以一定结构和形式组合起来的具有一定功能的系统。因此，不同的室内饰面材料能够形成不同感受的室内空间。

室内环境中不同的材料如金属、陶瓷、砖石、塑料、木材、皮革、织物、玻璃、橡胶及各种复合材料等呈现着不同的质地。木材自古以来就被广泛使用，其朴素的特性令人产生亲切感。

石质材料也是室内环境设计中常用的基本材料，如大理石、花岗石、水磨石、硅灰石等。它不仅色彩、肌理优美，而且抗磨损性极高，易于冲洗清洁，适合于大面积的拼接安装和镶嵌。自然石材和大理石在室内空间的运用可使空间环境显高贵典雅，气度不凡，升华室内空间的品质。

玻璃具有透明、轻盈、光洁、精确和纯净的特性，它不但能使空间层次幽深、延伸和扩大，而且能调节环境的虚实关系，在虚幻迷离中产生优美、奇妙的情境。

（二）室内外材料的相互影响

室内空间和室外空间相比，和人的关系要密切得多。从视觉方面来讲，室内墙面近在咫尺，人们可以清楚地看到它细微的纹理变化；从触觉方面讲，人们伸手则可以抚摸它。因而就建筑材料的质感来讲，室外装饰材料的质地可以粗糙一些；而室内装饰材料则应当细腻一些、光滑一些。当然，在特殊情况下，设计师往往为了取得对比效果，也会在室内空间中选用一些室外的装饰材料，如粗糙的石材，但是这种材料的面积却不宜过大。

每种建筑都有其独特的性格，即由建筑物的外部形象和内在目的之间的密切关系所决定的特性，建筑的性格特征也是建筑师通过对建筑功能及其内涵的理解，对建筑空间、形式与秩序的把握，而饰面材料的运用是促成建筑性格形成的重要因素之一。正如上文所分析，不同的饰面材料给人以不同的空间感受，同时也会形成不同的建筑性格。因此，在进行建筑设计时，不论是建筑的外部造型还是内部空间，都应该注意运用适当的饰面材料，达到建筑性格的表里如一。掌握建筑材料的美学效应以及建筑材料运用的法则才是获得以上效果的最佳方法和手段。

不同的建筑材料有着不同的物理和视觉性质。材料对于建筑的意义不仅仅是建筑的外衣，还是建筑内在的精神表现。室内饰面材料和室外材料之间都有着各自不同的美学观点，在设计时可以巧妙地运用材料间的对比效果以及室内外饰面材料的相互制约关系来营造不同的空间气氛，以形成不同的建筑性格。材料的特性和视觉效果的主要影响因素有光、色彩和肌理。

五、材质的美学特征

就建筑而言，材料可以泛指构成建筑的所有物质实体，这里主要是指构成建筑界面的材料，通常包括天然材料和经过加工处理的材料。

无论是哪种材料，其表面都具有一定的质地、纹理与色彩，这些视觉特征及其表面的形态构成就是材质。它是建筑界面的主要组成部分，对界面起着形态构成和性格表达的作用。建筑形象的塑造离不开造型、色彩以及材质等要素，而材质是建筑界面最基本的物质实体，起到其他形式要素不可替代的作用，其视觉和触觉共同作用的效果尤能给人以深刻入微的知觉体验。

材料的质地和纹理反映了界面的细部特征。而细部也极大地增强了立面的

"耐读性",丰富了立面的层次和深度,使建筑富有了艺术美感。有些材质可以引起人们的视觉联想,如石头的粗糙传达沧桑与粗犷,木材的年轮富于温馨和柔情。

不同的材料和质地给人以不同的触感,如大理石通常给人以光滑、坚硬的触感,金属给人以清凉的触感,而木材给人以温暖、柔和的触感,石头给人以粗糙的触感。这些不同的触感又传达出一定的建筑内涵,如光滑的触感传达着简洁、干净,粗糙的触感传达着朴实、大方。

建筑形象源于对社会心理、文化内涵和历史承接的思考。传统的建筑信息赋予人们以"集体记忆",并从中领悟历史合理性发展的链条,明确当代建筑在历史长河中的位置和使命。人从外界接收信息刺激,就会产生心理反应,产生持续记忆,以至于影响以后的判断与理解。对传统建筑材料特征理解的形成源于个人及集体的心理行为。

装饰材料所具有的美学性质也就是我们所说的装饰特性主要包括材料的材质、质地、色彩、肌理。这里所提到的材料美学并不是单纯地指原材料的美学价值,而是指原材料经过加工后所产生的审美效果。我们不能将材料美学笼统地理解为材料本身固定不变的审美价值,而是人在加工和应用过程中变化的、流动的审美价值。因而人们对材料的审美价值的探索与研究具有重要的意义。

我们从历史的角度来了解一下材料美学的发展过程。通过人类物质文明发展的过程我们可以得出一个结论:科技水平的高低是衡量和判断一个社会进步与否的重要标志。然而,材料科学的进步是衡量科学技术进步的一个重要标志。一个时代有一个时代的标志,当然也就有其相应的材料美学原则。因为材料美与设计美是密不可分的,人们对于技术和材料的开发,受到民族文化、地理环境、思维方式等诸多因素的影响。

从材料科学的发展观来说,西方古典建筑使用的石材现已经被钢筋混凝土材料所代替。意大利建筑师奈尔维把它称为一种可以抗拉的人造"超级石材"。由于钢筋混凝土的出现,建筑在技术性与艺术性之间有了更加新颖和多样的发展。这一材料的发展为设计师提供了更为广阔的理论体系和设计思路。意大利建筑美学大师在《建筑的美学和技术》一书中详尽地分析了这一材料独特的施工技术和造型的潜在能力,围绕着混凝土和预制混凝土丰富的造型艺术表现力进行了系统的分析。这就是我们所说的从建筑材料的不同特点来研究材料的美学问题。德国建筑师密斯·凡·德·罗善于利用材料的特性,赋予材料以生命和美感,并将其运用到设计作品中,来表达材料的质感和趣味。他设计的巴塞罗那国际博览会德国馆的整个室内并没有通过展室将空间进行分割,而用玻璃和大理石墙对空间进行限制,这对日后室内布局的思想有着决定性的影响。

在现代室内装修设计中，人们不只是注重材料的实用功能，而是在探索如何挖掘材料自身所具有的独特的美感，从而满足人们的审美需求。设计师通过运用材料的色彩、肌理、质地和形状等视觉元素进行设计与搭配，在美化室内环境的同时，表达情感思想和对生活的理解。例如，肌理丰富的大理石和花岗石板材争奇斗艳。材料所特有的色泽与质感，使艺术作品极具现代感。透明的玻璃在室内外之间形成与大自然相融合的视觉满足感，将无尽的风景引入室内环境。天然的木材纹理给人以温暖、亲近之感，使人仿佛置身于大自然中。混凝土表面粗糙，色彩昏暗凝重，给人一种沉重、压抑的感觉，并且还带有一定的历史意味。

在现代室内设计追求空间造型简洁化、抽象化的过程中，人们越来越重视材料的质感效果，每一种材料都有其特殊的质感效果，就像我们的表情一样，喜怒哀乐各不相同，在不同的环境下就会产生不同的情绪。同样，装饰材料也由于自身不同的特性而表现出不同的装饰效果，即使是同一类型的材料用在不同的环境下也会给人带来不一样的感觉。

首先，要充分利用好装饰材料的质感。不同材料的质地给人们所带来的感觉是不一样的。金属质地给人以高贵、新颖的感觉，而且具有强大的时代感。纺织纤维质地给人以柔软、舒适、典雅、大气之感。玻璃质地则显得通透、清爽，给人明亮纯净之感，它将室外景观融入室内，加强了室内外环境的交流。

其次，加强装饰材料质感的运用。常见的装饰材料中，平整光滑的石材质地坚固、硬朗，在特定环境下给人以沉重、压抑之感；纹理清晰的木质、竹质材料给人以亲切、柔和的感觉，同时使人产生一种温暖又有些许怀旧之感，在原始中又不乏现代气息。

此外，在不同的功能空间中，装饰材料的情绪性表现得更加明显。例如，商场或购物店面的内部装饰往往鲜亮夺目，其材料的肌理、质地、色彩更能吸引人们的眼球，同时材料的情绪性又不应过强，一个舒适、温馨的环境更能够吸引消费者的目光。像 KTV、游戏厅等娱乐场所的空间材料的情绪性往往比较强烈，造型更加独特，用料更加丰富，色彩也更加绚丽。通过这种醒目、丰富的材料运用产生一种激情澎湃、刺激愉悦的情绪效果。另外，像医院、图书馆等的空间环境在选择材料时应尽量以简约、素雅为主，同时色彩及肌理效果要较为柔和，整个情绪基调应该是平静、稳定的。室内设计师在设计中应适当运用联想来加强效果。

装饰材料的表现力是通过美学要素加以表现的。它包括质地、色彩和肌理等诸多方面。要打造现代室内设计空间环境不必刻意地追求繁杂的细部造型和空间处理技巧，应该将装饰的重点放在材料自身的质地、肌理的组合运用上，还要根据不同的空间表现来使用不同的材料，也要注意同一种材料在不同空间环境下所表现的不同效果。如果要营造具有艺术特色的个性化空间环境，往往需要不同材料之间的组合，把材料本身具有的质地美、肌理美和色彩美充分地展现出来，同时还要协调好各种材料质感的对比关系。

不同的材料呈现出不同的质地和纹理，材料表面肌理的不同构成了丰富多变的纹理样式，水平的、倾斜的、交错的、曲折的等各种自然与人工纹理有效地丰富了室内环境的视觉感受。

第三节　建筑装饰材料的种类及艺术特色

中国的传统艺术博大精深，对艺术的追求一直注重人与人的互相影响、人与自然的互相依赖，一直注重宁静、朴素、和谐美。中国传统建筑装饰材料是民族传统艺术的重要组成部分，其构造精巧绝妙，具有独特的传统韵味和深厚的文化内涵。在强调生态环境、人居质量、历史文脉、艺术风格和地方特色的今天，把传统建筑装饰材料运用在现代设计中，创造出既有民族气息又有时代感的设计作品。

传统建筑装饰材料是人们在满足建筑的实用功能之后，追求精神满足的具体表现，是传统文化的物化表现，体现了崇尚永恒之美的审美观念。传统建筑装饰材料种类繁多，装饰图案造型生动，不论是具象的花卉、风景、人物、动物的造型，还是抽象的纹样图形、几何图形，都起到了很好的装饰和美化作用，逐渐形成了表达信仰、心愿、崇拜的装饰内容和审美情趣，形成了隐喻、暗示、象征的艺术表现手法。这些装饰材料不仅极具装饰意味，它的内容反映了人们对自然和社会的认识，反映了人们对生活的态度和对美好生活的向往，反映了人们的生存文化和生活的文化，体现了人们的精神追求，有深厚的文化内涵。

中国传统建筑装饰材料是集自然美、艺术美、形式美之大成，极具装饰意味、传统文化韵味的建筑元素，在艺术设计领域里具有重要的研究价值。传统建筑装饰材料形式非常丰富，按装饰所在的部位区分，主要有房屋的结构梁架、屋顶、门与窗、墙体、台基等，在这些部分可以说都存在着装饰。按装饰所用材料与技法区分，主要有石雕、砖雕、木雕、泥灰塑、琉璃、油漆彩绘等，以木雕、砖雕、石雕为代表，其中传统砖雕部分的装饰包括屋顶的装饰，墙体、栏杆与影壁的装饰，以及砖塔的装饰等。砖雕作为最基本、最传统的建筑材料，因其绿色环保、隔热保温、耐高温、耐低温、无光泽、寿命长、永不褪色等性能和优点，在现代依然有着广泛的实用功能和装饰功能。

建筑本身的设计往往会受到当地文化、风俗、经济、历史、地域、气候、信仰等因素的影响，所以建筑设计具备时空与地域性的差异。例如，中西方的建筑设计有着明显的差异，主要是因为中西方文化、信仰的差异；我国南北建筑有着明显的差异，主要是因为气候、地形、历史等原因造成的；古代与现代建筑存在着颠覆性的差异，主要是源于技术、人文等因素。

随着人们对生活品质的要求提高，建筑装饰设计逐渐走入现代建筑行业。建筑装饰设计主要是指在建筑设计时，根据建筑的造型、结构、空间等条件进行适当美化，以达到建筑装饰的效果。建筑装饰设计在古代建筑中就有所体现，如说我国的雕刻、西方的绘画，都是典型的建筑装饰设计。中国传统建筑装饰材料体系庞大复杂，下面主要阐述木雕和砖雕的种类及装饰艺术特色。

一、木雕的种类及装饰艺术特色

木雕作为传统建筑装饰材料，具有广泛的用途和鲜明的艺术特点。它种类繁多，包括柱子、门、窗、梁柱、棺墩、天花等部分的装饰。如各类门上的装饰，包括城门、宫门、庙堂门、宅第门、大门装饰等部分；各类窗的装饰，包括宫殿的窗、寺庙的窗、住宅的窗、园林的窗等。

在众多的木建筑装饰材料中，尤以门窗的雕琢最为精彩，题材广泛，装饰以植物、动物、人物为主，制作精美细腻，一幅幅通透典丽的木构图案，散发着缕缕幽古雅韵。门窗形式多样，其中最基本的形态是隔扇。隔扇是门窗中最为高大的，既有窗的功能，又有墙和门的作用，还能够采光和通风，因此，运用十分广泛。每个隔扇都有完美的木构图案，它延续了中式建筑空间的神韵，起到划分空间、连接空间的作用，使各个单独的空间之间变得灵动起来。

在玻璃出现以前，传统木门窗是裱糊纸张或绫绢的，需要以支条做骨架。唐宋时期支条是垂直与水平条相交的格式，有棋盘格、书条川灯格等。宫式隔门的支条式样最早出现在元代，一直沿用至明清。当玻璃出现后，窗权变得更为烦琐，中心部分留出来安装玻璃，四周作裱糊，出现了八角景嵌、花结嵌、葵式嵌、冰纹嵌等多种格式，疏密有致、造型精美。到晚清发展为更为繁杂的纹样，如海棠菱角式、回纹万字式、如意菱花式等。隔扇的抹头和裙板木雕依据不同的建筑规格，其内容和纹样也不同。宫廷装饰团龙纹、下抹头板芯饰翔龙纹、庙宇装饰卷草纹，居民以福、禄、寿、喜、万字回纹装饰，充满生活情趣。

（一）支摘窗、帘架、夹木窗的种类及装饰艺术特色

在众多的木建筑装饰材料中，以支摘窗、帘架、夹木窗的木雕装饰纹样最为

繁多，造型生动，常见的有福、禄、寿等。帘架用在明间隔扇的外面，由横批、眉子、腿子、风门组成，上下两端用莲花楹斗及荷叶墩安装，造型流畅。夹门窗多用于居民家中，门在中间，两边砌墙，墙上安窗扇，都有木雕装饰，这些对生活细节的装饰体现了人们美化生活以及乐观的生活态度。

（二）雕花栏杆的种类及装饰艺术特色

栏杆也是传统建筑的重要装饰，有短栏和长栏之分，设置在楼层平台、回马廊、亭榭临边之际，除了安全防护功能外，栏杆还发挥着装饰功能。短栏又称尺栏，装饰纹样有双环式、单环式、六方四联式、八块柴式，大多为几何纹样，视觉效果统一、理性，有较强的节奏感。长栏含 3～4 个小单元图案，有灯景式、藤茎式、二仙传桃式、葵式、宫式、龟纹云心、锦纹风轮、万字花心、荷叶卷草、富贵宝瓶、如意纹等，图案简练生动，有较强的艺术感染力。

（三）碧纱橱、隔断墙的种类及装饰艺术特色

它们均有可以移动的特点，可以根据需要灵活地调整空间布置，既可以起到划分空间的作用，又可以使空间保留一定的流动性。这些木构架的制作经过历史积累形成一整套做法，碧纱橱的组成构件是隔扇，有 6 抹、5 抹、4 抹、2 抹，扇心木雕有宫式、菱花心与支条花心等种类，还有步步锦、龟背纹、冰裂纹等，种类繁多，画面生机盎然。

（四）罩的种类及装饰艺术特色

罩的种类很多，有落地罩、几腿罩、栏杆罩等。落地罩的中心可以做成不同造型的门，如圆光罩正中心开正园门洞，旁处做冰裂纹。八角罩的门洞为八等边形，做万子回纹，其风格庄重大方，观赏性强。故宫的西六宫体元殿内的硬木雕花落地罩，工艺精益求精，极其华贵，全部纹样为卷草纹与小动物纹，体现了木雕艺术的极高成就。

（五）板壁、太师壁、博古架的种类及装饰艺术特色

它们的作用是划分空间和造景，板壁是分隔室内空间的木板墙，大多置于进深的门间，既可以起到划分空间的作用，又可以使空间保留一定的流动性，上面通常有精美绘画与雕刻。太师壁多见于南方园林与公共建筑，是明堂后檐柱间的壁面装饰，可形成视觉中心，有对后面的景色起到障景的作用。博古架既是装饰物件，又是陈设性家具。它的格架分割优美，富有节奏变化，比例多变，称得上

是文化品位高的陈设装饰构件。

（六）天花、藻井的种类及装饰艺术特色

室内天花堪称装饰中的精华，明清时分为井口天花和海漫天花。井口天花是高等级装修，由支条、天花板、帽梁组成，绘以团龙、翔龙、团鹤及花卉纹样，构图饱满，多以适合纹样为主。更高档次的天花板不做绘画而做木雕，效果富丽堂皇，显示了大气之感。海漫天花俗称平天花，是用得最广泛的天花装饰手法。

（七）其他木雕装饰结构与艺术特色

传统建筑的其他部位如月梁、梁坊、棺墩、瓜柱等都不同程度地有木雕装饰，装饰纹样有动物、植物，甚至人物。装饰手法有浮雕、深雕、透雕等，雕刻手法娴熟，动物、植物及人物主要体现外形特点，造型概括生动。

二、砖雕的种类及装饰艺术特色

砖雕是在青砖上雕刻出人物、山水、花卉等图案。在古建筑雕刻中砖雕是很重要的一种艺术形式，主要用于装饰寺塔、墓室、房屋等建筑物的构件和墙面。砖雕通常也指用青砖雕刻而成的雕塑工艺品。

砖雕作为传统建筑装饰材料是由东周瓦当、空心砖和汉代画像砖发展而来的。汉代画像砖是墓室预制构件的大型空心砖，至明代砖雕由墓室砖雕发展为建筑装饰砖雕。砖雕作为传统建筑装饰材料，其主要流派有：北京砖雕、天津砖雕、山西砖雕、徽州砖雕、苏派砖雕、广东砖雕、临夏砖雕等，为保持建筑构件的坚固，各流派不盲目追求精巧和纤细，装饰造型概括简练，或大气、或精美、或厚重，风格各异，在实用的前提下把装饰性和实用性完美结合。

在艺术上，砖雕远近均可观赏，具有完整的效果。由于青砖在选料、成型、烧砖等制作工序上，质量要求较严，所以只有坚实而细腻的砖才适宜雕刻。砖雕有多种表现技法，主要有阴刻、压地隐起的浅浮雕、深浮雕、圆雕、镂雕、减地平雕等。

在图案上，砖雕以龙凤呈祥、和合二仙、刘海戏金蟾、三阳开泰、郭子仪做寿、麒麟送子、狮子滚绣球、松柏、兰花、竹、山茶、菊花、荷花、鲤鱼等寓意吉祥的内容为主，它们大多作为宫廷、官吏、富豪、地主宅院的厅堂、大门、照壁、祠堂、戏台、山墙等建筑的装饰，雕刻精巧，有的陪衬以灰泥雕塑或镶嵌瓷片，争奇斗胜，富贵华丽。

这些装饰材料不仅极具装饰意味，它的内容反映了人们对生活的态度和对美

好生活的向往，体现了人们的精神追求，表达了人们的信仰、心愿、崇拜的装饰内容和审美情趣，反映了人们祈祷生活富裕、家庭和睦、出入平安、进入仕途等愿望。同时传统建筑装饰作为一种艺术形式，反映了道家的天人合一、儒家的忠孝仁义、佛家的神秘天国，成为社会道德准则和行为规范，所以它又有明显的教化作用。这些愿望通过隐喻、暗示、象征、谐音等艺术手法表现出来，如龙、凤是中华民族的图腾，龙凤图案常见于规格较高的建筑；麒麟象征吉祥；牡丹象征富贵；梅兰竹菊象征气节；并蒂莲象征夫妻恩爱；松竹梅为"岁寒三友'，象征品格坚贞；松鹤象征长寿延年；石榴、鱼、莲子等多子，用来象征多子多孙的美好愿望。瓶与"平"谐音，寓意平平安安；鱼与"余"谐音，寓意年年有余；蝙蝠与"福""富"谐音，寓意"福从天降"；鹿谐音"禄"，鹿与蝙蝠组合为"福禄双全"等。这些都是传统建筑木雕装饰材料中最常见的装饰图案。

这些最常见的装饰图案以单独的纹样或几个为一组的单位纹样重复出现，或以民间传说、神话传说、历史故事、戏曲情节等表现出来，构图生动，有极强的艺术感染力。所以传统建筑装饰种类繁多，装饰内容广泛，装饰图案造型生动，表现手法多样，装饰风格独特。这些装饰风格、图案造型、艺术表现手法以及所反映出的独特的民族艺术特点、审美情趣和深厚的文化韵味，都是现代设计取之不尽、用之不绝的源泉，也是现代设计个性化的体现。

三、材料表现的目的

材料表现的目的就是利用不同材料在形状、色彩、质感上的特点，经过建筑师的组织和安排，从而产生美的建筑形式。美是主观的，它是观赏者对创作者艺术作品的自我解读和感受，因而观赏者自身的审美水平、审美喜好、审美习惯在一定程度上会影响美感的传达，而且随着时间的变化，审美观念也会随之变化，不同地域也往往有着地域性的审美习惯。那么，有没有客观存在的美的法则呢？

彭一刚先生在《建筑空间组合论》中指出："形式美规律和审美观念是两种不同的范畴，前者是带有普遍性、必然性和永恒性的法则，后者则是随民族、地区和时代的不同而变化发展的、较为具体的标准和尺度。前者是绝对的，后者是相对的，绝对寓于相对之中，形式美规律应当体现在一切具体的艺术形式之中，尽管这些艺术形式由于审美观念的差异而千差万别。"建筑与其他艺术一样，遵循共同的形式美法则——多样统一。多样统一也称有机统一，为了明确起见，又可以说成是在统一中求变化，在变化中求统一。一件艺术作品缺乏多样性和变化，则必然流于单调；如果缺乏和谐与秩序，则势必显得杂乱。

建筑的审美特征的形成依赖于以下四个方面：

①整体感。对整体统一的把握是任何艺术创作中的关键，正如鲁道夫·阿恩海姆在《艺术与视知觉》中所说，"对于大多数艺术家来说，整体不能通过各部分相加的和来达到……无论在什么情况下，假如不能把握事物的整体统一结构，就永远不能创造和欣赏艺术品"。要达到整体的统一，就必须重视组成元素的组织结构。对材料表现来说，也就是要重视材料的组合方式和构件的连接方式。

②真实感。建筑的真实感体现于形式与内容的有机结合，这正如美的诗歌绝不是优美辞藻的堆砌，而是动人心弦的情感表达。形式要具体化、生命化，就必须把形式注入内容，实现形式与内容的完美结合。在材料表现上可以理解材料，真实地反映自身造型特点，反映结构与构造的逻辑，并且反映具体的功能性需求。

③新颖感。人的审美活动还有一个规律，那就是以新奇、新颖为美。长时间面对相似的东西，即使其各自均为统一而又有变化的整体，也容易产生审美疲劳，这时新颖的形式一旦出现，就容易引人注目，因而求新也是艺术亘古不变的主题。因此，对新材料、新结构、新工艺的运用或者是采用新形式，就会形成材料表现力上的突破，从而增加建筑美的内涵，但形式的新颖也必须以多样性的统一为前提，否则也不利于美感的形成。

④丰富感。建筑形式所表达的信息的丰富程度也决定了主体在审美过程中的愉悦程度。信息过少，形式就显得简单，就提不起主体的兴趣。但丰富并不等于复杂，丰富体现的是形式多样性的需求，最终必须以统一作为归宿。对于材料表现来说，重视细部的表现力、发掘形式的地域性内涵是提高建筑作品丰富感的有效手段。

材料表现应该遵循的基本原则可以概括为求真、求善、求美三大原则。这与我们建筑设计中适用、经济、美观的原则是统一的。求善的原则可以理解为材料的适用、经济、耐久、防火、坚固、环保。求美也不难理解，这里特别要强调的是求真的原则。求真的原则可以理解为材料真实自然地表现其自身的色彩和质感，尊重材料结构和构造逻辑并在造型中对其加以真实地表现。现代建筑自诞生之初就极力推崇材料表现的真实自然，以对抗学院派建筑师歪曲材料本性的虚假做法。而追求真实、顺应自然也一直是中国传统文化中的重要内容之一，作为当代的中国建筑师对此应该不难理解。中国的传统木建筑也真正体现了木结构建立在真实和自然之上的美，但这种真实和自然在宋朝以后受到了一定程度的伤害。

梁思成先生在《清式营造则例》一书里曾这样写道，"以现代的眼光，重新注意到中国建筑的一般人，虽然尊崇中国建筑特殊外形的美丽，却常忽视其结构上的价值……至于论建筑上的美，浅而易见的，当然是其轮廓、色彩、材质……但建筑既是主要解决生活上的各种实际问题，又是用材料建构出来的物体，所以无论美的精神多缥缈、难以捉摸，建筑上的美是不能脱离合理的、有机能的、有作用的结构而独立存在的能呈现平稳、舒适、自然的外像，能诚实地袒露内部有机的结构，各部的功用及全部的组织；不事掩饰；不矫揉造作；能自然地发挥其所用材料的本质特性；只设雕饰于必需的结构部分，以求更和悦的轮廓，更协调的色彩；不勉强建构出多余的装饰物来增加华丽；不滥用曲线或色彩来求媚于庸俗；这些便是'建筑美'所包含的条件"。

这个原则与法国建筑理论家维奥莱·勒·杜克在 1853 年于巴黎美术学院演讲中提出的原则几乎完全一致。维奥莱·勒·杜克的原则是在建筑中有两点必须做到忠实：一是忠实于建设纲领；二是忠实于建造方法。忠于纲领就必须精确地和简单地满足由需要提出的条件；忠于建造方法就必须按照材料的质量和性能去应用它们。

材料的真实性是个相对的概念，即使是提倡真实的现代主义建筑也无法做到绝对的真实，密斯·凡·德·罗设计的西格拉姆大厦采用了钢结构，由于防火规范的需要和技术手段的限制必须在钢结构的外表面包上一层混凝土，但是为了从外观上看出是钢结构，竟在混凝土外面又做了一个金属框架，这和古罗马建筑在混凝土的拱券上贴古典柱式没有区别。所以，材料表现求真的原则应该是与求善、求美的原则统一考虑，并非一定要求绝对的真实。材料的表现应该做到真、善、美的完美统一。

真善美是人们对社会、对生活、对艺术的理想，是人们评价艺术的高级境界。"真"是人们通过实践对客观世界及其规律的认识，所以"真"是认识活动的对象。"善"是人们在实践中利用客观规律改造世界，以达到预期目的，有利于社会的发展和进步(包含相应的观念)。所以"善"是意志活动(目的、功利)的对象。"美"是真和善的外在体现，是能够引起人们心理快感的外在表现。所以"美"是欣赏活动的对象。

建筑的真善美体现在以下几个方面：

①建筑是人们为某种功利目的而建的。为此要按照人们的生理结构，依照人们的行为模式，符合人们的生活习惯，满足人们的使用要求，组织功能完备的生活空间。对上述各方面的正确认识属于"真"，按其组织能达到预期目的的生活空间属于"善"。

②建筑必须使用各种材料和设施才能建成。对材料和设施自身性能的了解、驾驭和利用，以及对人们生活需要的理解和提供相应物质条件的技术，都属于对客观规律的正确认识，属于"真"。由先进的技术合理地利用材料和设施，构造成符合功利目的的建筑，属于"善"。

③建筑离不开其自身所处的场所，对该场所的自然环境、人文环境、城市规划环境的了解，对环境与建筑相互影响的正确认识，属于"真"。由此出发使建筑适应其场所，既满足自身的功利目的，又有利于该场所，有利其生态环境、人文环境、城市环境的可持续发展，属于"善"。

④建筑总是建于其自身所属的社会和时代。对社会进步和时代精神的正确认识，属于"真"。反映社会和时代的真实，激励人们不断改进的愿望，属于"善"。体现上述"真"和"善"的外在形象，以引起人们的关注并获得心理快感，属于"美"。

建筑形象外在的美即形式美，引导人们关注和领会建筑内在的真和善，认识到真善美的统一，就能进而获得更高的审美享受。所以真善美的统一属于建筑美的高级境界。形象引起美感的时候，人们并不一定就想到真和善。美凭直感，真和善通过理性才能认识。在感受美时，如果由此进而认识到其内在的真和善，心理快感就会获得升华，达到更高的美的满足。相反，如果发现在美的背后隐藏着假与恶，美也就丧失殆尽。

第四节　建筑装饰材料的艺术创意潜能

一、基于建筑装饰材料的创意潜能

室内外装饰材料的艺术创意潜能归属于属性拓展，在使用上的不确定性是室内设计创意表现发展的趋势。其中材料属性的拓展及构造节点的多样性表现有助于室内设计师艺术表现语言的提高，使创意设计手法更加灵活，风格更为多元化。其实，建筑装饰材料的拓展性和不确定性现象的出现，早在室内设计行业的许多设计作品中看到，只是对它的关注和研究不够。建筑装饰材料的拓展性研究涉及材料工艺学、建筑装饰构造等交叉学科，能相互推动和发展。

二、基于建筑装饰材料基本属性的创意潜能

装饰材料的基本属性对于设计师把握设计风格和室内空间有着重要的关系和作用。室内设计是依据一定的设计方法对室内空间环境进行美化的活动，它反映空间的时代特征、民族气质、城市地域风貌。而不同的装饰材料具有不同的特征，设计师总是力求最大限度地发挥材质潜在的特性。室内设计特性的体现很大程度上受到装饰材料的制约，尤其是受到装饰材料的光泽、质感、图案等的影响。因

此，装饰材料是室内设计方案得以实现的物质基础，只有充分地了解或掌握装饰材料的性能，按照使用环境条件合理地选择所需材料，充分发挥每一种材料的长处，才能满足环境艺术设计的各项要求。

（一）建筑装饰材料的基本特征及选用依据

建筑装饰材料具有形态、色彩、质感等特质。在室内设计中的功用具有两面性，即正面积极作用和反面消极作用。由于其自身的特质，它具有抗压、耐磨、隔声、防滑等物理功用，同时又实现了美观的功能。另外，它又具有消极甚至严重危害人体的特性。例如，在人工合成材料中含有对人体有害的挥发性气体如苯、酚以及各种天然石材具有的放射性等均可造成室内污染，危害人体健康。建筑装饰材料的选用依据是将材料的实用性、经济性、艺术性、环保性进行有机的结合。在选择装饰材料时，要根据创意设计主题的造型、功能和使用部位所处的环境来进行，确定其空间形体、质感和色彩，以便设计主题既能满足一定的功能，又能充分利用有限的资金，以取得最佳的装饰和使用效果。所以了解装饰材料性能，合理选用装饰材料，才能保证工程质量、降低造价，防止伪劣产品给工程造成损失。

（二）考虑设计主体的造型、功能及用途，完成建筑装饰材料属性的艺术表达

艺术创意潜能要实现，首先应从设计主体的造型、功能、用途出发来选择装饰材料。譬如，为适应家居室内空间的功能要求，因各个空间的功能不同，需要不同的装饰材料来烘托室内的环境氛围。创意设计的灵魂体现在艺术性上，环境空间所展现给我们的实际上是各种不同装饰材料的组合形式。如果说材料传统的、习惯性的运用能引起人们熟悉与认同意识的话，那么，超常规的和反传统及习惯的材料的运用方式，则能引起人们的震撼或者是心灵的感悟，这是创意的表现形式。当然，材料的这种利用形式源于材料特质与设计空间的异质性，而不是刻意与盲目地追求怪异。装饰材料是室内设计的重要物质载体，室内设计中的感知美主要借助于装饰材料来表现。装饰材料也是构成室内空间实体的物质基础，是创造艺术的条件，没有材料的特殊功能，室内设计就会缺乏生命力。在室内装饰设计过程中，合理的配置各种材料就是为了达到美的视觉和触觉效果。

三、基于室内空间的创意潜能

环境空间设计不仅仅是形式的设计，在设计时还要考虑材料的结构和构造，

这不仅是因为材料的价格与投资问题，而且关系到能否达到设计师的艺术设计创意表现目的。设计师在设计时根据材料的特质有机地安排结构与构造，为达到设计目的，设计师要根据材料的特质限定条件，调整设计和材料的运用形式，以实现创新的目的。设计师的任务之一是尝试创造性地运用已有的材料，并发掘材料的潜力。材料与空间的意蕴表达要通过实在的形态，不是靠概念，而是靠直观；不是以思想为媒介，而是以感性形式为媒介。材料是设计的物质基础，所以材料对于空间的表现力具有重要的决定意义。在室内设计中，没有经过艺术处理的单纯材料并不能达到审美的要求，更谈不上对人的情感功能。材料必须与空间形态、色彩、照明相结合才能达到丰富空间层次、美化空间效果的目的。无论是自然形态还是人工形态，都以点、线、面、体四种基本形式表现，材料的渗入更能使视觉感受多层次化，空间环境的效果最终会因材料的质地、肌理、色彩等的差别而有所不同。作为设计师要善于发现各种材料中蕴含的潜在表现力，并且能够大胆地设想其运用方式，将各种材料经过设计与组合巧妙地统一于设计作品中。

四、基于建筑装饰材料的拓展运用的创意潜能

如果说传统材料的习惯性运用能引起人们的认同的话，那么超常规的和反传统及习惯的材料运用方式则能引起人们的震撼与轰动或者是视觉的洗礼、心灵的感悟，有时为实现设计意图改变一下材料的使用方式也会产生意想不到的效果。当然，材料的这种利用形式源于材料特质与设计空间的异质性，而不是刻意地追求怪异。为达到更好的设计效果，我们经常会看到设计师利用一些材料的原始形态来表达某种特殊的设计意图。除了学习新材料外，我们还可以继续挖掘传统装饰材料的特点和表现力，通过采用不同的构造方式来达到创新的目的。同样是传统的硬质和软质装饰材料，施工方法的改变及表现界面的不同，我们同样可以挖掘其崭新的艺术生命力，形成自己独特的处理材料的语言，这也是创新的途径之一。

材料表现不仅是艺术性与技术性的结合，而且包括了地域性与生态性的高层次要求。作为建筑师，我们不仅要充分认识到材料表现的重要性，还要在设计实践中结合各种材料的自身特点，从材料的形、色、质三方面发掘材料表现的潜力，并对其进行创造性的组合、搭配与连接，以真、善、美的完美统一作为对材料表现力的不懈追求，才能最终创作出成功的建筑作品。

具体来说，建筑师应在努力提高自身的艺术素养和造型能力的同时，加强对材料的生产、加工工艺、施工的结构与构造方式的学习和了解，密切关注材料发展的动向，积极尝试和探索新材料、新结构和新工艺的表现力，并且努力发掘常

用建筑材料的表现力，只有这样，才能真正提高建筑创作中的材料表现水平。随着技术与文化的发展，整个艺术界包括建筑、工业产品，乃至流行的服装设计都进入了一个高科技与高情感融合的时代，人们以更积极的态度寻找具有人情化、自然化的新形式，建筑材料的运用首先表现了建筑师的个性追求。当代建筑设计思想多元并存，技术手段丰富多样。建筑师的构思方法、造型手法以及对工艺、材料的喜好都直接反映在建筑材料的处理中，发挥建筑材料和建筑结构的性能特点，承认材料、结构和构造方式的客观存在，不去掩盖它们，而是将它们作为艺术形式创造的依据和源泉是现代建筑设计的基本原则。只有当我们领会由不同材料所带来的不同感受，找到材料与形式结构之间的和谐关系，才能塑造既满足我们物质要求又能满足精神要求的建筑。因为建筑不仅仅是一个肉体的庇护所，也是人类灵魂的归宿。

第四章　建筑装饰材料的性能

第一节　建筑装饰材料的性质

　　根据化学成分的不同，可持续建筑装饰材料可分为无机装饰材料、有机装饰材料和复合装饰材料三大类。但是在实际建筑设计的应用中，我们通常将材料根据其传统的属性分为石材、砖、木材、钢材、混凝土、玻璃、复合材料、塑料等。下面就我们在实际建筑装饰中经常运用到的装饰材料进行分类说明。

一、石材、砖的性质

　　建筑装饰石材包括天然石材和人造石材。天然石材是指从天然岩体开发出来，经机械加工成块状或板状材料的总称，是最古老的建筑材料之一。天然石材的蕴藏量丰富、分布广，具有较高的强度、硬度、耐磨性、耐久性等性能。人造石材是指一种合成的装饰材料，包括人造大理石、人造花岗岩等。按加工工艺，可分为聚酯型、硅酸盐型、复合型及烧结型人造石等。人造石材相对而言，具有装饰效果好、性能优良、价格便宜等优越性，成为装饰材料的一种趋势。随着时代的发展，石材、砖石和混凝土为建筑营造新颖、独特的空间环境，传递个性化的设计元素信息。

　　石材作为天然材料是人们最早使用的建筑材料，用途广泛，已经被人类用了数千年。随着社会的发展与生产力的不断进步，以及石材加工技术的日益精进，石材在建筑上的运用越来越丰富。因为石材的耐久性这一特点，使得石材在建筑中的应用空前广泛。新石器时代留下的石材建筑遗迹说明了石材的重要特征——永恒。古埃及的荷鲁斯神庙很好地表达了石材的主要特征，当时的工匠为了表现他们对神庙的敬畏之情，将石材圆柱细细打磨，雕刻出精致的纹线，体现出石材温和、恬美的一面。

石材是被人们利用较早的天然材料，具有独特的质感和自然的纹理，给人一种豪放、粗犷的感觉，至今石材仍以它优良的性能被广泛应用于建筑及室内设计中。

石材是大自然赋予我们的材料，其历史悠久，因而石材被赋予了独特的历史感和厚重感。我们可以在教堂、博物馆等历史建筑中看到石材给建筑带来的独特魅力。这也为石材赋予了一定的象征意义，它给人一种坚毅、永恒、神圣的感觉，仿佛有一种不可战胜的力量。伦敦的自然历史博物馆、佛罗伦萨主教堂、巴黎圣母院、金字塔、米拉公寓等都为石材作为重要材料留在历史上的伟大杰作。石材是最坚固、持久的装饰材料，它能经受时间的冲刷和洗礼，大量的纪念性建筑都是由石材来建造的。它承载了建筑的过去、现在与未来，代表了权利、坚固与永恒。在现代建筑中，石材并不常在结构中使用，其高昂的造价使石材更多以覆面材料的形式出现。由于石材本身具有承重性，因此多用于建筑的墙面或地面。在室内设计中，以大理石和石灰石为主，多用于地面的铺装。

在现代主义设计思想运动中，包豪斯学校给建筑设计界来了一次革命性的理念革新，真实反映材料用途的现代设计手法成为这个时期的重要特征。现代主义建筑只是用混凝土做结构支撑，在建筑的外墙留出空洞使室内空间的采光达到最大化，同时也将所用材料和所占空间减至最小，但也最大限度地发挥混凝土材料的潜力。如今，体量材料的运用有较为先进的生产技术作指导，使得材料得到更为经济有效的利用。材料最有创新性的运用不但创造新空间，也可以呈现出材料的持久永恒、历久弥新的特点。例如，西班牙设计师拉斐尔、莫尼奥设计的天神之后主教堂局部使用了薄片雪花透光岩石，高透光率的石材所呈现出的自然光线更加明亮地映衬在混凝土的墙面上，使得教堂内庄重中流露出温情的建筑风格。

二、木材的性质

木材作为装饰材料，有悠久的历史。其特性是质轻高强、富有弹性、韧性较高、耐震动；有美丽的天然纹理、装饰性好、易于着色；能调节温度、湿度，具有吸声、调光等功能。缺点是内部构造不均匀，导致各向异性；易吸水吸潮产生形变；易腐蚀及虫蛀；易燃烧；天然瑕疵较多等。但是其缺点也是其优点，只有这样，木材才具有它本身记录历史特征的特点。木材作为原生态的建筑材料一直被广泛地认为是最基础的建筑材料。木材经过加工不仅可以用作建筑材料，也可以用作室内装饰材料的元素。它的实用性与艺术性的特点，使得它在实际建筑领域中大放异彩。然而与石材相对而言，木材易腐。但是也有些木质建筑存在的时间超过千年，基本上是世界上最古老的建筑了，如日本的佛教建筑奈良法隆寺。

木材较石材更便于加工切割，在早期社会工具简单的条件下，木材作为建筑材料得以广泛使用和推广发展。木材腐烂、虫蛀等问题并没有减少木材作为建筑主材料的使用。在许多著名的石制建筑中，木材被用作屋顶、门窗以及雕刻装饰性物件，历经千年历史变迁，却完整地保留下来，也正是这些特殊的构件信息体现出了木材质所具备的结构承重质量和美学欣赏价值。中世纪出现的大量教堂建筑中标志性的高耸尖顶完全归功于木制结构设计技术的运用。

木材不仅具有质轻，强度高，弹性好，抗冲击，隔声、吸声效果好，易于加工和涂装等性能，而且纹理自然丰富，色彩醒目美观，给人以舒适温暖的感觉，还是极好的环保材料，在现代家居设计中被广泛应用。木材是应用最广泛的建筑装饰材料，它可以用来搭建建筑骨架，也可以用来装饰室内外表面。其独特的自然美是其他材料所不具备的。此外，建筑师还深层挖掘木材美感的各种表面处理技术，如磨砂、磨光、打蜡、油漆上色等，使木材表面具有无限可能性，增加了木材在设计中的使用范围，满足了各种功能及美感的需求。木材还是一种可持续的材料，如果能够适当的开采，在它的生产过程中，可做到最大限度的重复利用，以保证生态环境的和谐。

木材的特质决定了木建筑很难经受住磨损、侵蚀或自然灾害的侵袭。因而无法像石材、混凝土那样具有持久的历史。然而，这种"临时性"正是木材的独特之处。这种"临时性"也可以表现出木材在不同时期所展现的不同特点。

新石器时代的长屋是最早的木建筑，到了中世纪，出现了用编织柳条与轻质木材制成的填充板，木结构建筑发展出了夹灰墙。所有的材料都能就地取材，可以方便地替换与修补。在这个时期的早期建筑上，使用的木材都有实际作用。而到了后期，在建筑上使用的材料和填充板更多的是作为装饰元素。16世纪中期，砖成为可利用的普通材料，木结构建筑的外表面经常会覆上一层薄砖，改变了建筑外观的形象。18世纪中期，工业革命创造了运输系统，重型材料可以进行长距离的运输，这个进步使得木材在一段时间内逐渐衰退。到了19世纪维多利亚时期，建筑设计重新参考了中世纪建筑，使用人造木材进行建造，使建筑看起来更加古朴。如今，由于木材所具有的生长、再生特性，使木材在建筑业中已经成为最环保的材料之一。因此，木材在构造与材料方面对社会及经济问题能够做出积极的回应。木材本身的这种"临时性"使得木建筑可以通过一定的方法很快建造起来。时间久了还可以进行快速修复。此外，木材本身的颜色和纹理带给人一种怀旧与温暖的感觉。木建筑受传统工艺的影响很大，但是它们也能与现代文化理念接轨。在如今的建筑设计中，"工艺"的概念得到了复兴，而关键问题是材料如何体现其本质，以体现材料所具有的独特美感。

苏州的拙政园有许多亭台楼阁如涵青亭、天泉亭、芙蓉榭、尖山楼、松风水阁、远香堂等，都是赏景的好去处。我独爱其中的"与谁同坐轩"。小亭依水而建，修成折扇状，非常别致。白色的墙面和古朴的木材形成了对比，略微狭小的空间内或许会让人感到压抑和局促。但向远处望去，院内的景致是沿着流水布置的亭台楼阁，均为木色，夹带的不同种类的花草树木，渲染着一种自然和谐的气氛和宁谧淡然的空间氛围，让人不自觉地想起苏轼的辞："与谁同坐？明月、清风、我。"园林空间虽然在人的认知上削弱了对木材建筑本身的感受，但却升华了身处其中的人的精神世界，空间品质得到极大的提高。

随着工业革命的到来，先前中世纪的工匠所取得的成就将这一时期的木质工艺水平推向极致。在维多利亚时期，木材加工工艺的设计风格重新回到传统道路上。到了20世纪初，由于机械工具这一先进生产工具的推广和新材料的不断呈现，使得木材的加工和使用增加了更多的、现代化的创意。例如，木质复合板、生态木板、木丝板等一系列可持续性的装饰材料。

在现代建筑及室内设计中，木材由于其本身的温和特质和外观再次成为设计师设计的重要可持续材料，也被赋予了新的价值与生命。例如，安藤、阿拉德、藤本状介等，他们的多数设计作品中都使用了木材，并且淋漓尽致地表现出了木材的特别质感。这些形态各异的木质建筑仿佛将我们带回到了淳朴、自然的大山之境。

随着科技的发展，木材料的技术个性也取得了一定的技术革新。胶合木材料的出现改变了人们对木材的传统认知。胶合木作为可以在一定程度上代替钢材的新型材料，具有比钢材更为优越的性能，并且节约了维护成本等。最为主要的是胶合木既保持了木材的纹理特征又具备了钢材的大跨度特点，使得建筑结构在开场的空间不失木材的温馨与轻盈。同时，木材本身的可持续、可回收、绿色的材料特征使得木材的使用得以大力推广与发展。

三、钢材的性质

金属材料一直以来都是人们生活的一部分。金属材料被用作建筑材料与科学技术大发展以及生产力的不断提高有着千丝万缕的联系。金属的持久、耐用和光泽、坚硬的外表是人们选择这种材料的原始出发点，直到金属材料的出现，建筑也得以向高度、跨度进一步发展。美国世贸大楼就很好地印证了这一点。

公元6世纪，人类就有将熟铁浇铸成首饰的记载。18世纪初，人类开始学会用熟铁制造火箭炮。直到18世纪70年代末，铁开始运用于建筑结构，如达比、特尔福德等工程师开始在桥梁结构中使用铁。在建筑中使用铁取代石材柱子及木梁，使得建筑结构得以有更大跨度及更开放的空间。从 19 世纪中期开始，钢铁已经成为大部分商业建筑的结构材料，同时作为室内装饰材料应用也逐渐开始增多。随着建筑钢结构技术日趋完善与成熟，钢材的优良品质也逐渐完美地呈现在室内设计的装饰中。在现代社会，使用钢筋、混凝土、玻璃的组合建筑成为主流。同时金属材料在室内设计中的运用也反映了建筑的合理化和功能化；清晰的线条和干净的造型成为建筑的构造元素，如扶手和门、栏杆等。为了充分体现美学理念，现代主义的设计师充分利用了工匠精心雕琢的细节构造和材料本身所呈现的外观。

同时，因为合金工艺的不断发展和制造方式的进步，合金又成为装饰需求的材料。从传统文化角度来看，金属材料的文化含义通常表现出坚硬、冷漠，并非室内设计材料的首选，然而在现代建筑活动中，金属材料作为覆盖和包裹材料已经大量应用于建筑作品中，与人们的生活息息相关。

在现代建筑中，金属已经是一种广泛应用的大型工业生产材料。由于其兼具轻质、可延展和高强度等特性而成为一种特别的建筑材料。它们同样被应用于塑形，及各种不受限制的设计作品中。金属加工后的色彩、肌理光泽等特性赋予了建筑师大量的创造性的构想。通过多种表面加工与涂层，设计师几乎可以完全精确地规定金属在建筑物上的表现方式，然后寻找与其相符合的产品。

钢结构的不断发展不断刷新建筑的高度与体量。它的快速成型与工厂定制工艺特征改变了一个甚至几个世纪的建筑生产活动习惯。它的延展性能也得到了不断地验证，因它与其他材料的结合使用不断改变着人们的建筑习惯与个性化的风格。如由远大筑工在湖南长沙建造的天空城市建筑，再一次刷新了钢结构作为可持续建筑材料的首要地位。15 天时间内矗立一座 50 层的大体量钢结构建筑，可以说是钢材料作为可持续建筑材料的一次工艺技术的革新。工厂预制、现场组装的工业方式彻底改变了建筑的传统作业方式，钢材料的开发与利用也在随着工业技术的不断发展而发展。同时，钢材料可反复回收利用的特征成为当今建筑主材料。

四、混凝土的性质

混凝土是一种坚固而厚重的混合材料。作为材料它具有强耐压性，当加入钢筋后，它同时也具备了很强的张力。混凝土通过筑造后形成了任意的形态，并且能产生多种肌理与色彩。混凝土的最早出现可以追溯到古罗马帝国时期，古罗马人采掘石灰石时发现了混凝土的制造成分，即硅石和矾土的矿与石灰石混合就形成了水泥。水泥的出现彻底改变了古罗马人的建造技术。例如，建造于罗马城附近的天使城堡的无钢筋弯顶，可以看出水泥的早期形式。直到 1756 年，英国工程师约翰·斯密顿对混凝土的研发有了重大发现。继英国硅酸盐石灰石之后，约瑟夫·阿斯普丁于1824年获得了用他的名字命名的波特兰水泥的专利。一直到现在，硅酸盐水泥已经成为混凝土制造过程中使用的主要水泥品种。

由于混凝土给人一种粗糙野性的感觉，因此很少被用于建筑的外表面，只作为结构材料被使用。随着设计理念及技术的日益发展，裸露的混凝土反而成为建筑个性的表现形式，在保留混凝土本身特点的同时，通过技术赋予其有机的形态，使混凝土不再是沉重而生硬的建筑材料，为实现建筑形态提供了可能性，为设计师的设计提供了丰富的想象空间和形态基础。

安藤忠雄是一位将混凝土的使用发展到极致的建筑师，其中制造混凝土的过程是安藤忠雄在建筑中强调的一个方面，他所使用的模板（混凝土建造中起支撑作用的木框架）是基于榻榻米的原理。此外，混凝土被认为是一种厚实严密的材料，然而安藤忠雄在设计时通过仔细的开口将自然光引进室内，在材料的厚重感与光线的明亮感之间创造了一种对比效果，他的建筑表现了对将混凝土作为一种浇注中的工艺的赞颂，浇注的过程和表皮的外观为建筑营造了一种坚实与轻盈的质感。

钢筋混凝土自出现以来得到了广泛运用与发展，大量应用于建筑、桥梁等工程中。随着科技的飞速进步，混凝土的各种制品与技术也不断应用于建筑物中，如弗兰克·莱特设计的联合国教堂和勒·柯布西耶设计的朗香教堂等。在这些实际建筑案例中，建筑师通过利用混凝土的内在特性来构筑建筑物。

现代建筑师利用混凝土表面丰富的质感与色彩，对其表层进行喷砂处理及暴露骨料等方式来获得一种特定的美感；在混凝土中加入染料和矿物涂料可以创造出各种不同的效果。当然，混凝土自身的混合物及骨料的大小、模具、浇筑技术等都会影响混凝土表面的最终效果。

现代建筑师常用的混凝土主要有以下几种：钢筋混凝土、现浇混凝土、预制混凝土、混凝土砌块、蒸压多孔混凝土、纤维混凝土。但是，随着社会科技的不断发展，混凝土技术也得到相应的发展，如透明混凝土和应用图案混凝土，以及像纽带一样任性的混凝土。

现代清水混凝土工艺的出现改变了混凝土以前粗糙的形态，通过现代新的工艺技术，使混凝土呈现出质朴、细腻的完美表面，使得混凝土的材质语言更加丰富多样。现在清水混凝土的工艺已经被大众所接受，越来越多的公共建筑开始采用这一质朴、自然的建筑材料，甚至开始在小型私人建筑中出现。例如，拉萨火车站的墙面采用了彩色混凝土的干挂技术。

在我国现代化进程中，伴随着经济的快速发展、城市的翻新，众多老建筑物被拆除重建，从而产生了大量的混凝土垃圾。这些垃圾影响了城市的生活环境，造成污染，把它们运送到郊外进行掩埋，碱性废渣会令土壤"失活"，此举不但会花费大量的运费，还会造成二次污染。因此，废弃混凝土的处理和再利用是节约能源、可持续发展的必然选择。目前，国内外针对废弃混凝土再利用主要集中在骨料分离和混凝土的再生研究。简单的破碎、磨细、煅烧后可作为填筑海岸、充当道路和建筑物的基础垫层等。这种混凝土碎块的强度较低，不能用在影响工程质量的关键部位。而将混凝土和硬化水泥浆分离，能够获得质量较好的再生骨料，分离出来的水泥成分可用于生产再生胶凝材料或者当作路基改性材料。现在的科技技术使得混凝土的再次回收利用成为可能，这也使混凝土一直被人诟病的问题成为历史。

五、玻璃的性质

玻璃是现代建筑中十分重要的室内装饰材料之一，是继木材、水泥和钢材之后的第四类建筑材料。建筑玻璃作为一种结构用于建筑物。其功能不仅用于采光和隔断，还具有调节光线、保温隔热、安全、艺术装饰等特性，玻璃正朝着多品种、多功能方向发展。建筑玻璃的主要成分为石英砂、纯碱、石灰石、长石等，并加入助熔剂、脱色剂、着色剂、乳浊剂等辅助材料，经高温熔融、成型制成。

由于玻璃具有传递和过滤光线的特殊品质，所以玻璃常常被用来作为浪漫诗意的精神象征。虽然在许多行业中都得到了推广使用，但是在建筑业中，它既具有美学价值，还具有实用价值。玻璃是一种具有无穷魅力和丰富功能的装饰材料，并且由于它具备 100% 的可循环利用和无可比拟的抗腐蚀的特点而倍受欢迎。

玻璃材料是一种可以追溯到 5000 多年前的传统材料。在公元前 1700—1600 年的埃及第十八王朝，工匠们发明了透明瓶罐的制造技术以及第一扇玻璃窗。直到公元前 27 年，叙利亚工匠在玻璃吹制上取得了人类历史上的又一次重大进步，开始在模具中吹制玻璃，使之产生更多种类的凹凸形态。后来，口吹玻璃的方式从根本上改变了玻璃艺术的制造形式，从而产生了一种更薄、更透明的可传导光线的材料。这种革命性的技术带来了公元 6 世纪透明玻璃的广泛应用与发展，从而取代了建筑中常用的大理石片。到了中世纪，在天主教堂的引领下，玻璃开始用于创造多彩和炫目的精神场所，同时作为叙述中世纪哥特教堂宗教信仰故事的一种方法。在后来的欧洲建筑中彩色玻璃的剧增带来了采用光线反射作为装饰感性的空间氛围，并产生出与其他建筑结构差异化的结构。

直到近现代时期，玻璃才真正具有重要的结构性能。19 世纪中期，法国工匠古斯塔夫、法尔科涅大批量生产出手工吹制的椭圆形和六边形玻璃砖，引起当时一些建筑大师的注意，如勒·柯布西耶和奥古斯特·佩雷就非常喜欢使用玻璃材质，虽然当时的玻璃凝固技术还有待完善与发展，且存在承载力的限度等一系列问题，但仍然阻止不了建筑大师们对玻璃这一神奇的透光材料的使用。1907年德国工程师费里德里希发明并取得了玻璃实心砖的专利，这种玻璃可以放置于钢筋混凝土结构中，使得玻璃不仅能传导光线还能承载重力。20世纪30年代，欧文斯伊利诺斯玻璃公司终于研发出现在通用的空心玻璃砖。20世纪50年代，英国发明家阿拉斯泰尔·皮尔金顿通过发展浮法工艺生产玻璃，彻底改变了玻璃在现代建筑中的使用方式。直到现在，市场90%的建筑玻璃都是通过这种方式生产出来的。在这一加工生产方式过程中，熔融玻璃漂浮在一层密度较高的锡液上，批量生产出大片平整的、可视性优良的玻璃，从而彻底改变了建筑设计中玻璃的使用方式与结构。更大面积的玻璃不断在建筑中使用，建筑技术也得到了极大的发展。当玻璃幕墙迅速被视作建筑技术的进步与时尚的代表时，皮尔金顿的创造与密封剂的发展，进一步推动了玻璃办公塔楼的诞生。密斯·凡·德·罗在1940年芝加哥伊利诺斯理工学院中对于钢与玻璃的使用与纽约的西格拉姆大厦一样，都是早起玻璃建筑的代表作品。

随着玻璃制品技术的不断发展，在当代科技与社会生产力的推动下，现在可制作出的商业性玻璃有以下六种：钙钠玻璃、铅玻璃、硼硅酸盐玻璃、铝硅酸盐玻璃、96%石英玻璃和熔融石英玻璃。20世纪末随着新涂层和各种层压板的开发，建筑玻璃技术发展迅速提高。在现代建筑中厚玻璃板、平板玻璃以及浮法玻璃这三种玻璃为基本类型，其中浮法玻璃所占比例最大。还有一些是为了提高性能而制造出的具有不同品质的其他玻璃类型。例如，回火玻璃、夹层玻璃、玻璃砖、槽式玻璃、绝缘玻璃和丝玻璃。这些玻璃的专业性更强，都具有非常高的专业开发性。

玻璃的透明与半透明特质非常艺术性地赋予了建筑一种其他材料所不具备的美学特征。它使得建筑具有了独特的运动与变化的流动空间。例如，上海南站的圆形钢结构玻璃顶，远看好似"飞碟"，气势磅礴。最为关键的是玻璃之间加了一层聚碳酸酯板材，这种材料的结合使得整个站内不但光线明亮，而且保温。同时独特的玻璃图层技术使得玻璃具有雨水自洁功能。玻璃的大量使用体现了建筑的环保节能、可持续发展的理念。

玻璃最显著的特征就是其透光性，这对于建筑来说是一个重大的改变。在玻璃出现之前，人们只能采用不透光的木板，有一定透光性的动物皮囊、纸张等作为窗户的主要材料。而玻璃不但透光性好，而且能够防风、防雨、保温隔热、耐久性好。同时，玻璃的应用也使得建筑进一步地与自然环境进行融合与交流，给人们带来了一种新的居住感受。

在西方早期的古典建筑中，玻璃大多数用在教堂、修道院等具有纪念性意义的建筑中。到了 19 世纪，英国水晶宫的建成标志着玻璃生产已进入大规模的工业化生产时期。20 世纪，建筑进入现代主义时期。在现代建筑中，结构体系的发展将墙体脱离出来，而玻璃由于其透光性、平整性等诸多优点，较为理想地实现了设计师打破传统砖石结构封闭沉闷的感受，将建筑与自然环境相结合。玻璃成为建筑师表达自己建筑风格的首选材料，玻璃的应用达到了空前的繁荣。许多建筑大师也用玻璃创造出了许多经典的建筑作品。

在我国，玻璃属于较为昂贵的建筑材料。我国古代传统建筑中常采用糊上窗户纸的镂空木质隔扇作为采光构件。为防止雨水的冲刷，常设檐廊。为防止纸张被风吹裂，则必须控制隔扇镂空部分的单元面积，这也是我国传统建筑中极富特色的构造。

如今，随着技术的进步以及玻璃加工技术的发展，当代建筑师已在传统玻璃应用的基础上进一步扩展了玻璃的应用范围。玻璃也从早期的以采光通风为主要目的的窗户、幕墙等拓宽到内外墙装饰、屋顶、地板等部位，甚至成为结构材料，玻璃也从透光可视的纯功能材料发展成为应用广泛的室内外装饰材料。

六、复合材料的性质

复合材料是指那些通过不同种元素组合而成的材料。它所指的范围比较广泛，与其他特质的材料在某个特定性质上有共性。例如，石膏板、复合地板、复合纤维等。它源于传统材料而高于传统材料，既是出于材料科学研究的需要，也是为了材料更科学地归类而出现的新名词。其实早在古罗马时期人类就开始使用复合材料了（罗马人使用的早期混凝土）。

直到 20 世纪，复合材料的概念才真正地在建筑设计领域提出并且推广开来。如今，复合材料已经将传统材料元素和现代技术糅合在一起了。例如，密度板、木丝吸声板、欧松板等，这些复合材料就是将一些硬质或软质的木材拆解后重新加工压制成纤维状态，再利用树脂和胶的黏合作用，在高温下压制成密实的板材。还有结合新兴材料技术制造成的新材料——玻璃纤维增强塑板和碳纤维增强塑板。后者更加坚固耐用，质地轻巧。正因为这种材料轻巧、坚固、不需要周围环境中任何结构加以辅助的独立特征，在建筑设计中得以更为自由的发挥，使得建筑师可以根据自己的想法将复合材料制作成常规的模块化建筑材料来使用。

尽管复合材料只是近几年才出现的，但是很多伟大的现代建筑设计师都开始采用复合材料来创造一些新颖的、令人心动的作品。他们充分利用复合材料的时尚、科技的时代特征结合计算机和数字化机械的超凡创意塑造出了无数科技的、梦幻的建筑形制。例如，上海世博会办公楼门厅使用的玻璃纤维增强石膏，扎哈·哈迪德于2005年设计的巴塞尔艺术博览会的装置设计，上海世博会英国馆以及于庆成的雕塑展览馆等。新型复合材料和新技术带来了新的建筑材料应用设计方式，引领建筑设计朝着一个令人兴奋、时尚、环保的方向发展。

七、塑料的性质

塑料是以人造或天然高分子化合物（俗称树脂）为主要成分，添加一定比例的助剂（增塑剂、固化剂、稳定剂等）和其他必要的辅助材料制成的有机合成材料。这种材料在一定的高温和高压下具有流动性，可设计和制造出各种各样的人工制品，这些制品在常温常压下稳定性好，且不变形。它们可以被模塑、挤压或注塑成各种形状，甚至被拉成管状、条状和丝状，用作线材乃至更细的纤维。

在当今的建筑设计和室内外环境设计领域，塑料的应用相当广泛，建筑装饰中常见的塑料制品有塑料管材和管件、塑料壁纸、塑料地毯、塑料地板、塑料墙板、塑料门窗和门帘、塑料家具以及电气塑料制品、商业展示塑料装饰板材等。早在20世纪30年代，世界上就有人开始用塑料（主要为酚醛树脂）来制造建筑小五金产品，如灯头开关、插座等。与传统材料相比，塑料具有质轻、价廉、防腐、防蛀、隔热、隔声、成型方便、施工简单、品种繁多、装饰效果良好等优点，因而在全球范围内备受欢迎，消费量逐年增加。20世纪50年代以后，随着塑料工业的发展，塑料制品在建筑中的应用越来越广泛，几乎遍及建筑的各个部位。据统计，在一些工业国家，塑料建材量已占全部建材量的11%，占塑料总产量的20%～25%。

塑料按使用功能可分为通用塑料和工程塑料两类。通用塑料是指一般用途的塑料，其用途广泛、产量大、价格较低，有聚乙烯、聚丙烯、聚氯乙烯、聚苯乙烯及聚丙烯腈-丁二烯-苯乙烯（ABS）。工程塑料是指具有较高力学强度和其他特殊性能的塑料，有聚碳酸酯（PC）、聚甲醛（POM）等。建筑和环境设计中都会应用到这两类塑料。

塑料按制品的外观形态分为：①管材和管件。管材主要用在给排水管道系统，也包括一些异型管材，如塑料门窗及楼梯扶手等。②板材。板材包括复合板材、装饰板材、门面板、地板、有机玻璃板等，也包括一些异型板材，如玻璃钢屋面板、内外墙板等。③薄膜制品。它主要用作壁纸、印刷饰面薄膜、防水材料及隔离层等。④泡沫塑料。它主要用作隔热、保温材料。⑤模制品。它主要用作建筑五金、卫生洁具及管道配件。⑥体块型材。如各种方形和圆形结构材料。⑦复合结构型材。它主要由塑料部件及装饰面层组合而成，用作卫生间、厨房或移动式房屋。⑧溶液或乳液。它主要用作胶黏剂、建筑涂料等。

塑料按热性能不同可分为热塑性塑料和热固性塑料两类。两者在受热时所发生的变化不同，其耐热性、强度、刚度也不同。热塑性塑料受热时软化或熔化，冷却后硬化、定型，冷热过程中不发生化学变化，且不论是加热还是冷却重复多少次，均保持这种性能，因而加工成型较简便且具有较高的力学性能，但耐热性及刚性较差。热塑性塑料中的树脂都为线形分子结构，包括全部聚合树脂和部分缩合树脂，其典型品种有聚乙烯、聚丙烯、聚苯乙烯、聚氯乙烯、聚甲基丙烯酸甲酯、ABS塑料、聚酰胺、聚甲醛、聚碳酸酯、聚苯醚等。热固性塑料在加工过程中，受热先软化，然后固化成型，变硬后不能再软化，其加工过程中发生化学变化。相邻的分子间互相交联成体型结构而硬化成为不熔的物质，其耐热性及刚度较好，但机械强度较低。大多数缩合树脂制得的塑料是热固性的，如由酚醛、环氧、氨基树脂、不饱和聚酯及聚硅醚树脂等制得的塑料。

以材料的分类及特质的研究为指导，引导建筑师有效地使用材料。通过实地调研与考察当地的风土人情、民俗文化、地理位置及区域材料，有针对性地选择能够表达当地传统文化的建筑材料。要做到既能保护当地生态资源又能表达当地的建筑文化。

通过研究比较这几大类材料的不同属性及建筑用途，我们更多地了解它们的不同使用背景。在这个多元化的社会环境中，现代社会所触及的材料都有可能会应用到建筑设计中去。使用传统材料的准则正在不断发生变化。出于对环境的保护，材料可持续发展的准则被提高到了前所未有的高度。这就更需要我们了解材料的特性及它们的实用性与局限性，将它们合理地运用到建筑中去。同时要求我们不断认识新的可持续材料与发现新的可持续材料，并且要以创新性的思维正确、合理地利用材料，使材料在建筑设计中朝着可持续、创新性的方向健康发展。

第二节　建筑装饰材料的基本用途

建筑装饰材料按化学性质可分为无机材料(天然石材、玻璃、金属等)与有机材料(高分子材料、黏合剂、涂料等)。建筑装饰材料按物理形态分为石材、陶瓷、玻璃、金属、塑料等。建筑装饰材料按装饰界面一般分建筑室外、室内装饰材料。除了材料自身的性能适合室内或者室外，对于材料的有害气体释放和辐射值，国家也有相关的行业标准，也可将某些材料分为室内与室外应用材料。

尽管没有明确的住宅空间装修与公共空间装修材料界限，但铝合金板、铝塑板、金属、花岗岩等硬冷型与辐射高的材料在住宅设计中尽量不用或要合理控制面积与比例。除非个性化家居，一般住宅室内设计尽量多选用材料质感细腻、温馨的装饰材料，硬、冷、粗糙型材料合理穿插、搭配其中，形成适合的对比。

建筑装饰材料有以下几种用途：①装饰功能。装饰材料通过自身的形态、体量、色彩、肌理质感，给建筑室内外各个界面赋予新的性格与面貌。镜面石材表面光滑，有锐利感；花岗岩板表面粗糙，有质朴感；不锈钢与玻璃结合有城市工业感；天然木材、竹材、藤材给人以乡村的休闲感，这些材料都给人以不同的材料艺术感受。②建筑装饰材料的触觉功能。人的行走、坐卧、触摸等触觉感受对于材料的光滑、粗糙、弹性、硬度都有直接与潜在的要求。③建筑装饰材料的绝热、保温与吸声、隔声功能。装饰材料通过自身所具备的材料密度、表面的光滑、粗糙、孔洞、凹凸对于声音会形成不同的塑造，材料声学功能将是进行影剧院、礼堂、播音室以及其他需要吸声、隔声的室内空间设计主要考虑的要素。装饰材料自身所具备的绝热、保温性能成为建筑幕墙设计或墙体保温需要考虑的因素。有些材料又兼备隔声与保温功能，如岩棉等。④建筑装饰材料的防水、防潮功能。自然界的风、霜、雨、雪对于建筑外表面结构与材料是一个严峻的考验。上下水系统带给使用者便利的同时，也存在渗漏的问题。除了材料自身要具备抵御能力外，合理正确的施工方法与构造会直接影响材料的防水、防潮功能。⑤建筑装饰材料的防火、防腐功能。"百年大计，防火第一"是设计师永远要重视的课题。材料的防火级别、防腐能力以及防火、防腐涂料的涂刷都会影响建筑使用的安全。由于建筑装修造价的影响，装饰材料不可能都具备高级别的防火、防腐能力，设计者与施工方应尽可能地根据空间属性与法律规范来合理选择相应的装饰材料与正确的施工工艺。

材料的表现贯穿了建筑创作的全过程。从项目策划、建筑创作之初的立意与构思，到方案设计、初步设计、施工图设计，再到具体的施工过程，都离不开材料的选择、搭配以及结构方式、施工工艺。在项目策划以及立意与构思期间，对材料的初步选择较为重要，虽然不一定具体到某一种材质，但是对后期材质的选择，外立面材料与周围建筑和环境的协调则应有一定的思路，有时甚至可以由此大致决定该建筑的最终风格。

在方案设计阶段，建筑从模糊的立意进入具体的形式，材料的表现也就占据了重要的地位。虽然功能性的平面组合、流线的安排上，材料的参与度较少，但在结构形式选择、空间的构思上、内外立面风格上，具体材料的选择以及搭配就显得尤为重要。方案设计阶段是材料表现中初步布局的阶段，对最终的建筑形式起到至关重要的作用，虽然并不直接涉及后期具体的节点构造以及施工工艺。但方案设计者也应该了解这方面的知识，以使自己方案中的材料表现具有较强的可操作性。另外，对材料的节点构造以及施工工艺熟悉之后，方案设计者也可跳出标准图，并积极探索出材料的新形式、新工艺，从而使方案更加新颖，更有个性。

施工图阶段是材料表现由构思走向现实的十分关键的过渡环节，在施工图阶段不仅要对方案选用的材料做一些调整并最终确定下来，需要厂家供货的成品，更需要设计人员对比不同厂家、不同产品，在设计时就给予明确的指定。另外，选用材料的构造方式在这个阶段也会最终确定下来，而这直接影响材料的最终表现。

由于我国目前的国情，许多项目的设计时间非常短，而且设计过程中方案设计与施工图设计由不同的设计师来完成，因此常常出现方案设计与施工图设计相脱节的情况。有的项目在方案中材料的表现相当不错，但由于施工图阶段在材料表现不够重视，最终使效果大打折扣，实在令人惋惜。实际上，施工图阶段不只是简单的"画图"，施工图阶段也是设计的一部分，施工图是对方案的细化、调整和深入，特别是材料的表现，在施工图这一步骤是至关重要的。施工图阶段对材料表现方面下了功夫，可以使好的方案锦上添花，也可以使较为平淡的方案"化腐朽为神奇"。在项目实施过程中，设计师也应对材料表现给予足够的关注。在实施过程中许多建筑设计师很少关注材料表现，或者对施工方提出的一些问题漠不关心，这在一定程度上也影响到最终的材料表现。如对于清水混凝土这种对现场工艺要求较高的材料，设计师如果不对现场及时跟踪、指导、监督，最终效果可能与方案效果大相径庭。

第三节　建筑装饰材料的发展趋势

设计师对材料的了解与应用犹如文学家对于词句及修辞手法的熟知。随着材料科学的发展，纳米等高分子装饰材料也将不断出现，设计师不但要熟知现有及传统材料，还要时刻关注新型材料与新工艺的发展。

随着城市、建筑的不断发展，人们对建筑室内和室外的视觉效果即材料运用提出了更高的要求。建筑的室内和室外从材料外观上就能够产生不同的心理效果，也就是现阶段人们追求的精神感受和心理需求。

与发展中国家相比，欧美和日本等发达国家对建筑室内和室外的综合研究起步较早。第二次世界大战以后，国外开始把建筑物的设计分为建筑设计和室内设计两部分，分别由建筑师和室内设计师完成，前者的室内空间构思，由后者按需要加以调整、充实和发展。但室外建筑的大环境与室内小环境空间的相互协调统一的构思理念，相互不尽相同的建筑材料与空间比例及色彩的对比，室内外环境在设计上迥然不同，这两大设计领域的范畴与界定需重新定义。

近30年来，中国的经济水平得到了飞速发展，与国外深入的思想文化交流也推动了建筑艺术的发展。在建筑材料的研究方面，材料的概念往往与装饰、装修、室内设计的概念联系在一起，服务于人的材料的实用物理功能的研究开展已久，而作用于人的材料的审美心理功能的研究则刚刚起步。实践证明，材料的视觉特征对人的影响是很大的，而国内目前的建筑材料科学侧重于物理与化学性能的研究，技术经济条件也相对落后，不能与先进的建筑设计理念很好地协调，建筑师往往只能被动地从商业化产品中选择，因而使最终的作品显得粗糙，缺乏细化、个性特征及创造力。同时，在传统的建筑教育中，一些建筑基础理论的学习同建筑设计过程有一定的脱节，建筑师缺乏对真实材料的视觉经验和感受。在专业的期刊、杂志及理论著作中，涉及这方面的理论也以室内设计、工业设计为主，缺乏从视觉角度对材料在建筑中的表现力方面的较为系统的研究，在实际工程中，成功的范例相对较少。

在国外诸多优秀的建筑师在材料的运用上独具匠心，特征鲜明，并形成了相应的设计理念。在设计过程中，很多建筑师对材料的选择是主动的，通过不断的实验，在对材料的特性有了深刻的体会后，设计出的作品才可满足设计理念中所要表达的最终视觉形象，并体现材料的自身价值，给人以强烈的触觉和视觉冲击力，达成建筑的审美需求。在各种类型的成功作品中均可感受到建筑师对材料元素的创造性运用，注重建筑与环境、建筑与人、建筑与人文的相互关系。通过对材料语言表现的追求，对材料之美的深刻挖掘，不同材料的巧妙搭配可以塑造优雅的视觉形象，并通过材料自身和细部的处理，用抽象的语言反映出地方、民族、时代精神、个性特征等人文意义。

当前阶段，不论是国内还是国外都在追求建筑饰面材料在室内和室外的合理运用、有机的结合统一、相辅相成的运用手法。让建筑无论是形式观感还是材料表现的观感都能够达到理想的审美和文化要求。建筑的材料设计表现是指利用建筑材料本身的特性与材料之间的构成效果来表达建筑的情感。其内容包括对材料自身特性的表现，以及材料构成的技术表现。建筑材料特性除了物理性质达到所用区域的使用要求，更主要的还是心理上对于建筑性格表达所需要的效果。结合构成方面的基本手段和规律，就能够更好地突显建筑材料在建筑设计中的重要表现力。同时通过这些基本内容的表达，对所形成建筑空间环境的形式产生作用。这些作用具体表现在建筑表面的质地和质感、构造与结构特点以及建筑的场所意义等方面。质地与质感能够体现建筑的性格，构造与结构的特点能够显示出建筑的性能和功能，而建筑的场所意义就是结合以上几方面内容共同表达出来的结果。

首先，材料具有各自的自然属性，也就是我们所说的材料的质地，每一种材料都有自己的语言，每一种材料都有自己的故事。对于创造性的设计师来说，每一种材料都有它自己的信息，有它自己的歌。赖特曾说："材料因体现了本性而获得了价值，人们不应该去改变它们的性质或想让它们成为别的。"

在空间创造中对于材料的使用也因材料的属性不同而呈现不同的选材倾向。从人的大体感觉上来说，材料可以分为两类，一类是距离人近的材料，木材、棉、麻、皮等，木材是东方民族常用的普通材料，自古以来就被广泛使用，其朴素的特性令人产生亲切感；另一类则是距离人远的材料，如大理石、不锈钢、玻璃等，石质材料也是环境设计中常用的基本材料，花岗岩因其坚固致密，抗压强度高，耐磨耐久，使用年限可达数十年及数百年，被公认为是高级的建筑装饰面材。前者与人类同属于生物体系，因而使人很容易产生亲和感，因此这样的材料常常用于室内空间；而后者给人一种理性与冷漠的感觉，多用于建筑室外空间。因此，材料个性与使用方式的联系是不可分开对待的。室内外的材料有着相同的材料特性，但又有完全不同的使用方法。

其次，建筑装饰材料的用途与特性。建筑装饰是指敷设于建筑物或构筑物表面的装饰层，它起着保护建筑构件，美化建筑工程内外环境，增加其使用功能的基本作用。从根本上来说，它是建筑工程的组成部分。建筑装饰装修作为建筑设计和施工的最终体现，融合了极为丰富的文化和历史底蕴，好的建筑装饰能使人们获得美的享受。对建筑物外部而言，装饰材料不但可以美化立面，还能对建筑物起到保护作用，从而有效提高建筑物的耐久性。就室内而言，装饰材料不仅可以对吊顶、墙面和地面进行美化装饰，还可以改善墙体、天花板和地面的吸声隔声、保温隔热的功能，创造出一个舒适、整洁、美观的生活和工作环境。近几年，随着人们生活水平的不断提高，人们对建筑装饰的要求也越来越高。随着大量新颖别致、高标准建筑的出现，人们日益重视研究建筑装饰工艺，努力融合传统技法与现代施工工艺，使建筑装饰更加美观和富有个性。然而，装饰装修的好坏不但与装饰设计水平及施工质量有关，还直接与装饰材料选用是否得当息息相关。

最后，材料的发展促进或改变了材料的使用场所。绿色建材指采用清洁生产技术，少用天然资源和能源，大量使用工业或城市固态废弃物，生产无毒害、无污染、有利于人体健康的建筑材料。绿色建材与传统建材相比，具备如下基本特征：①其生产所用原料尽可能少用天然资源，大量使用废渣、垃圾、废液等废弃物或拆卸下来的木材、五金等(但要确保这些建筑材料可以安全使用)，减轻了垃圾填埋的压力，同时也节省了自然资源；②在产品配制或生产过程中，不得使用含有危害人体健康和污染环境的物质，产品可循环或回收利用；③有较高的使用期限，维护费用低廉；④产品具有多种功能，如抗静电、抗菌、防霉、调温等，同时避免使用能够产生破坏臭氧层的化学物质的机构设备和绝缘材料。这些方面都使得材料的性能发生了变化，那么用途也会发生变化。近年来各种各样的有利于节能和环保的新材料问世，如透明泡热材料、高强轻质材料、高保温玻璃等，大大推动了生态建筑的发展。这些新型材料不仅积极能动地应付自然环境的挑战，同时也使得我们在设计中有了更多的材料选择。

建筑装饰材料工业的发展层出不穷。随着各类建筑的兴起，促进了建筑装饰材料工业的发展。科学技术的进步，建筑装饰材料工业的发展主要在耐久、节能、功能三个方面，并重视建筑装饰材料生产资源的开发与研究。这些都使得建筑材料的特性发生了巨变，室内外材料因此也发生了根本性的变化，出现了传统意义上的室内材料、室外材料的转换。

研究室内外饰面材料的审美，对我们基于材料的个性和基本用途的基础上更好的处理室内和室外的空间环境效果会起着非常有效的积极作用。协调和使用好材料的各自特点同时用审美的角度来做要求，以获得室内和室外不同的视觉效果，从而达到建筑的内外环境既协调统一又各具特色。

一、传统单一功能材料向复合多功能材料发展

从人类历史的发展来看，材料的单一性也成为形容历史时代的代名词，如"旧石器时代""新石器时代""青铜器时代""铁器时代"。工业革命之后，钢材、钢筋混凝土、玻璃等新型材料取代了天然木材、天然石材、混凝土等。现今，材料科学技术的发展使人工合成材料不断涌现，天然材料也变得精益求精，各种传统材料也在制造技术方面有了长足的进步，具有新的面貌与复合功能。纳米等高分子材料也不断进步，在很多领域具有替代传统材料的趋势。

二、传统作业向装配式作业发展

传统作业工序繁杂，工时冗长，尤其是湿作业也容易造成污染，影响作业者的身体健康与作业环境。装配式作业节省工时、节省人力，效果容易控制。从现今建筑装饰的发展来看，传统作业虽然必不可少，但装配式吊顶材料、墙面材料、地面材料的应用已越来越多，装配式作业势不可挡地成为今后室内界面装修材料的主要发展方向。在一些大型公共建筑项目上，如机场航站楼、大型体育馆建筑，它们的室内空间主体构造材料几乎全部由工厂生产装配，"传统装修"的概念已变得弱化，"工厂化"装修与装配成为越来越多的公共建筑空间的主要形式。设计师

的观念与角色也必然要随着时代的变化而转变。

三、材料向无毒、防火、环保方向发展

追求健康、舒适、安全将永远是建筑与室内环境设计的主题，那么材料的生产、应用也必须要符合这个主题。

建筑是人类文明所创造的社会物质财富。它既满足了人们的社会生产和生活需要，又满足了人们一定的审美要求，因而具有极为强烈的物质功能和审美要求的双重性。在不同社会发展进程中，建筑的发展和变化总是依赖于一定的生产力水平、生产关系、社会思想意识和每个时代的民族文化特征，所以它又具有社会性。在阶级社会里，建筑作为一种物质与精神上的统治工具被统治阶级所占有，以至于无论是在建筑的功能方面还是艺术方面都反映出明显的上层建筑的主导作用。建筑发展与社会发展有着千丝万缕的联系，它相当灵敏地反映了社会的变化程度和生产力的进步水平，并且经历着复杂的发展过程。首先，尽管建筑艺术总是要适应其所附属的材料、结构等科学技术的进步程度，适应建筑物的实际功能和自然环境，但是建筑艺术仍然有独立性，它能非常敏锐地反映意识形态以及相应的思想和文化潮流。其次，由于建筑艺术的发展变化远远比功能、技术等物质文明丰富得多，占有比较重要的地位，而且建筑艺术水平并不与建筑技术的高低、功能的繁简相一致，因而建筑创作的卓越成就主要是其艺术美学意义上的。

人们对建筑的认识是通过美学作用来感知的，美学作用是建筑社会作用的一个重要方面，是美的世界在相对应观赏者的头脑中所引起的一种主观情感，即艺术形式与观赏者之间的内在意识沟通，使观赏者在情感上引起心旷神怡、美妙舒畅、低沉压抑、温馨美好等群体意识的共鸣，是人们依附建筑结构、功能造型等现代技术所培养出来的审美情感和互动形式。其美学意义有三个方面：其一，意识形态美。建筑师通过自身的设计表现社会的时尚、流行的风格、意识的主题、政权的威严、宗教的神秘、自然的风情等。他们通过建筑的结构、比例、装饰、材料、色彩等一系列的表现手法抒发对建筑的情感，利用各种意识手段从精神上、视觉上、功能上给人一种愉悦的满足，从而作用于观赏者的心灵，达到审美的认同。其二，技术形态美。建筑师利用娴熟的技术，创造内在结构与外部造型的和谐美、冲突美。利用均衡与破坏、完美与缺憾、动与静、对立与统一等各种形式上的美学原理创造空间的奇迹，创造完整与统一。其三，功能合理的现实美。以人为本是当今世界最流行也是人类社会活动和文明进步最原始的动力理论。建筑美学中，一切虚伪、外在的设计活动和结构的创造都要植根于对功能的选择，只有与功能相符才能产生意识的美感和创造出震撼人心的作品。功能的合理、流畅、

开敞、舒适本身为人们在精神上提供了最纯朴的形式美感，陶冶了人类的情操，从物质上给予人类最直接的动力满足。

每一种建筑形式的产生都是由建筑设计的发展变化而生的，而为了适应这样的发展和变化，建筑材料的变化就随之而生。因此，关于建筑的审美也就有着相应的转变，这样的转变既来源于建筑设计的需求，又是时代变化的产物。建筑艺术的美学观念是意识形态、技术形态和物质功能形态三者相互作用、相互制约、相互融合的统一体。它是人类社会行为的表象特征，是以建筑这个载体所实现的人类社会活动和艺术思潮的进化过程所演绎的一种和谐统一的美的形式。而伴随着建筑设计在这样的基础上发展和变化就势必带来建筑材料的更新。

四、环保型建筑材料的应用

随着环保型消费逐步占据主流市场，住宅建筑的生产商和消费者都对建材提出了安全、健康、环保的要求。大量使用无公害、无污染、无放射性、有利于环境保护和人体健康的环保型建筑材料，是住宅建筑发展的必然趋势。所谓环保型建材，指考虑了地球资源与环境的因素，在材料的生产与使用过程中，尽量节省资源和能源，对环境保护和生态平衡具有一定的积极作用，并能为人类构造舒适的建筑材料环境。环保型建材应具有以下特性：一是满足建筑物的力学性能、使用功能以及耐久性的要求；二是对自然环境具有亲和性，符合可持续发展的原则，既节省资源和能源，又不产生或不排放污染环境、破坏生态的有害物质，减轻对地球和生态系统的负荷，实现非再生性资源的可循环使用；三是能够为人类构筑温馨、舒适、健康、便捷的生活环境。作为现代建筑工程重要物质基础的新型建材，国际上称之为健康建材、绿色建材、环境建材、生态建材等。环保型建材及制品主要包括：新型墙体材料、新型防水密封材料、新型保温隔热材料、新型装饰装修材料和无机非金属新材料等。按照世界卫生组织的建议，健康住宅应能使居住者在身体上、精神上和社会上完全处于良好的状态，应达到的具体指标是尽可能不使用有毒、有害的建筑装饰材料，如含高挥发性有机物的涂料，含甲醛等有毒化学物质的胶合板、纤维板、胶黏剂，含放射性高的花岗石、大理石、陶瓷面砖，含微细石棉纤维的石棉纤维水泥制品等。

因此，人们应该仔细地选择和恰当地运用环保型建材，将建筑材料对环境和人体健康的不利影响限制在最小范围内。室外的绿色营造了美丽的环境，室内设计方面同样需要环保意识，严格控制住宅建筑的装修污染要做到如下几点：要严格选材；要听取专家的意见，在入住后常开窗户，加强通风，加速室内不良物质和气体的排放；室外的建筑材料也应采用绿色环保新型材料，尽管室外的材料不直接和人的生活接触，但是从宏观角度考虑，建筑外围材料的使用也直接关系我们的生活。现在人们熟悉的光污染是由建筑外墙材料的选用错误而引起的。它尽管不像室内饰面材料那么直接地影响我们的生活，但是作为建筑的外环境，建筑的使用年限一般都较长，那么其外围材料的影响力也就有相应的时间。

因此，采用环保型的室内外饰面材料是建筑发展的必然趋势。室内外材料的运用总方向是一致的、相同的。

五、建筑材料的可持续发展

20世纪90年代开始，可持续发展成为世界上许多国家的发展战略，专家们提出了绿色建筑的概念。绿色建筑就是资源有效利用的建筑，亦指节能、环保、舒适、健康、有效的建筑，简言之为低能耗、低污染的建筑。与传统建材相比，制造新型建材不仅可以降低自然资源的消耗和能耗，而且能使大量的工业废弃物得到合理的开发与利用。新型建材不仅不会对人类的生存环境造成污染，还有益于人体的健康，有助于改善建筑功能，起到防霉、隔声、隔热、杀菌、调温、调湿、调光、阻燃、除臭、防射线、抗静电、抗震等作用，减少建材生产对地球环境和生态平衡的负面影响。现代社会经济发达、基础设施建设规模庞大，建筑材料的大量生产和使用一方面为人类构筑了丰富多彩、便捷的生活设施，另一方面是以能源的过度消耗和环境污染为代价的。我认为，忽视原材料的环境价值是建筑对环境产生不利影响的原因之一。因此，要保护环境，实现可持续的建筑设计，就必须把原材料对环境造成的影响，加入衡量建筑的价值体系中去。建筑是取之自然又回归自然的创造性工程，所使用的材料不应对人体及周边环境产生危害。建材生产避免以破坏、占有土地、林木为代价。环境亲和的建筑材料应该耐久性好、易于维护管理、不散发或很少散发有害物质，同时也得兼顾其他方面的特性，如艺术效果等。为了实现可持续发展的目标，将建筑材料对环境造成的负面影响控制在最小范围内，需要开发研究无污染技术，清洁生产环保型建筑材料。

环保型建材是一个内涵深邃、外延广袤的概念，它是生态建筑赖以发展的基础。材料的革新往往引起技术上的革命。近年来，各种各样的有利于节能和环保新材料的问世，大大推动了生态建筑的发展。我国环保型建材的发展已开始起步，目前，已开发的装饰材料有壁纸、涂料、地毯、复合地板、管材、玻璃、陶瓷、纤维强化石膏板等。建筑师应该积极注意新型建材的信息，新型建筑材料在环境保护和能源节约方面扮演着重要角色，这些材料将能积极主动地应付自然环境的挑战。可以相信，大力推广环保型建材，运用现代高科技手段进行设计，实现住宅建筑的可持续发展会逐步变为现实。

第五章 建筑装饰材料的基本应用

我国建筑装饰材料工业的发展层出不穷，各类建筑物的兴起促进了建筑装饰材料工业的发展。在一些发达国家建筑装饰材料的发展方向主要反映在耐久、节能、功能三个方面，并重视建筑装饰材料生产资源的开发研究。一般新型的材料的诞生必然会带来建筑技术上的变革，同时也会影响建筑的耐久、节能和功能使用三个主要方面，还会带来建筑行业对于材料使用上的更新。建筑材料性能提高的同时也提高了建筑材料的美学效应，使建筑材料的表现力大幅度提升，使建筑师的建筑设计意图通过材料得以在建筑外观上更有效地彰显出来。

现代科学技术的快速发展使建筑装饰材料得到快速发展。人们对建筑装饰材料的要求越来越高，不仅要求建筑装饰材料具有结实耐用的特征，还要求现代装饰材料符合环保标准，能满足人们对环境保护的要求。现代装饰材料日益多样化，可以更好地满足人们对不同风格的追求，各种材质、各种用途的装饰材料极大地丰富了人们的选择范围。现代建筑装饰材料实现了技术与艺术的有效统一，建筑装饰材料在材料物理属性的基础上可以实现艺术属性，更好地满足了人们追求多样风格的需要。当代建筑装饰可以根据不同的用途选择具体的装饰材料，建筑装饰材料可以根据空间用途分为多个种类，当代建筑装饰材料可以与建筑有机结合，通过材料实现风格的变化，这对于建筑装饰的合理规划有重要意义。

当代建筑装饰材料是在现代科学技术基础上发展起来的，现代科学技术水平直接决定了建筑装饰材料的质量与种类，不断发展的科技使建筑装饰材料由传统过渡到现代，在满足人们需求的同时，不断淘汰传统的建筑装饰材料，同时降低了建筑装饰材料的成本。建筑材料的选择更注重美感，已经不仅从材质的角度来考虑，还要发挥出其艺术属性。现代建筑装饰材料的工业化已经成为建筑装饰材料的发展趋势，自然材料、合成材料、绿色材料已经成为建筑装饰材料市场的主体。传统的手工艺材料逐渐退出市场。现代高科技材料取得较快发展，智能化的材料已经在市场上占有一定份额，并且日益成为发展的趋势。目前我国建筑装饰材料已经形成了几大板块和多个品种，而且市场占有率越来越高，建筑装饰材料的生产已经呈现出规模化特征，生产工艺已经取得较快发展，并且形成了完整的工业体系。

建筑装饰材料的耐久性可根据使用情况和自身特点采取相应措施，以提高材料本身的密实性等，增强抵抗性。例如，日本对混凝土的耐久性给予了极大的关注，以及超高层建筑物的轻骨料混凝土、碱骨料的反应研究；以流态混凝土代替大流动混凝土，从而降低裂纹和收缩，提高建筑装饰材料的耐久性。建筑装饰材料的功能包括环境功能和使用功能。良好的室内环境并不是单纯指墙面、地面、顶面的表面装饰处理，而是指如何将室内装饰与空间有机结合起来形成整体，以获得最佳的艺术效果。

一、绿色建筑材料

绿色建筑材料是指对人体及周边环境无害的健康型、环保型、安全型的建筑材料。与传统建筑材料相比，绿色建筑材料主要有以下特点：①生产原料尽可能少利用天然材料，尤其是不可再生材料；②低能耗的生产工艺和无污染的生产技术；③建筑产品生产过程不得添加使用甲醛、卤化物、芳香烃等，不得使用含汞及其化合物，镍、铬及其化合物的颜料和添加剂。

（一）绿色新型墙体材料

绿色新型墙体材料具有减轻墙体自重、节约资源、节能、利废、提高施工效率、降低建筑造价、隔热保温等优点。近期产业化的重点是以烧结多孔砖和烧结空心砖为主导产品，大力发展大掺量废渣砖，以及硅砌块、石膏轻质板材和复合轻质板材等。

（二）绿色新型防水建筑材料

近年来，我国的聚合物基建筑防水涂料取得了实质性进展。随着环保力度的加大，许多大中城市已禁止使用焦油型聚氨酯。一方面石油沥青聚氨酯防水涂料已被开发，另一方面各种新型无毒无害的水性高分子涂料崭露头角，如丙烯酸和乙烯－乙酸乙烯 (EVA) 系防水涂料已获得越来越广泛的应用。与聚氨酯系防水涂料相比，丙烯酸系水性涂料具有如下特性：可在潮湿环境下施工，无有机溶剂，无毒无害，不易燃。所以丙烯酸水性涂料是性能优异的建筑（内外墙）防水涂料。此类材料在运用和使用上并不完全区分室内和室外。

（三）绿色新型道路建筑材料

据报道，香港科技大学研究出了一种由旧轮胎制造的建筑泥土，可以代替建筑道路、桥梁、填海用的泥土，坚硬度可以抵御8级地震，而成本却比一般泥土要低20%～30%。这种新型泥土以废轮胎为原料，结构为纯塑料粒、水泥和塑化液体。特点是弹性和渗水性能好，耐高温，承受力比一般泥土高4～6倍，质量也比一般泥土轻20%～60%，处理了城市中的大量废旧轮胎，符合节土、利废、环保的绿色建材要求。这样的材料创新是科技发展的成果应用于现在建筑材料上的结果。纳米材料的原子排列与普通材料不同，表面的原子有向外扩张的倾向，原子间距增大，使得纳米材料在光、电、热、磁等方面具有特殊性质。纳米技术在建材研究与生产中的应用使一些传统建材获得了奇异的特性，也为建筑材料的发展开辟了一条新的途径。纳米材料涂层具有广泛变化的光学性能，纳米材料多层组合涂层经过处理后在可见光范围内出现荧光，添加在涂料中，能使涂层产生丰富而神秘的颜色效应。在玻璃等产品表面涂覆纳米材料层可达到减少光透射和热传递的效果，从而产生隔热作用。

（四）智能混凝土

1.高性能混凝土

采用纳米技术开发硅酸盐系胶凝材料的超细粉碎技术和颗粒球形化技术等，可大幅度提高水泥熟料的水化率，在保证混凝土强度的前提下，能降低水泥用量，还能降低资源负荷和环境负荷，为实现建材工业的可持续发展做出重大贡献。

2.净化环境的混凝土

利用纳米材料的量子尺寸效应和光催化效应等性质，使混凝土具备环境净化功能，分解有毒物质和某些微生物，净化空气和地表水等，可在空间和地面同时起到保护环境的作用。

①弹性混凝土。利用纳米材料特性，提高混凝土的弹性和韧性，在建筑应用中可提高建筑物的防震能力及其他相关性能。

②智能预警混凝土。利用纳米技术使混凝土在产生破坏前具有报警功能，避免事故的发生。

③自我修复混凝土。当混凝土出现裂纹等缺陷时，通过纳米技术机制，调动混凝土自身的原子微区反应，进行自我修复，延长工程寿命，提高建筑物的安全性。

二、建筑用材的发展趋势

建筑用材有如下发展趋势：

（一）开发利用各种原有的材料的新用法

生活在网络时代的人们长时间沉浸在虚拟现实和计算机图像之中，越来越渴望真实，渴望可触性，反映在建筑上也是如此。因此，人们又开始使用未经包裹的、天然的传统建筑材料，想从虚幻中回到确定的、坚固耐久材料的可感知性。人们重新需要可识别性、归属感，需要简洁，需要对材料天性的忠实表达。

（二）强调体现地域文化特性

今天，随着全球经济一体化，各种当地传统建筑材料可以运往世界各地，如绿色、白色的大理石，红色、黄色的烧制砖，热带木材等。随之，国际化的均一形象代替了过去城市的独特个性。法兰克福、东京、上海、西雅图等世界各国的大都市看上去都非常相似。人们开始渴望本土文化的认同感，强调民族的才是世界的。把建筑传统材料和形式应用于现代建筑与城市规划，是体现个性的重要手段。

（三）环保主题

20世纪70年代的石油危机曾经震动了世界，而罗马俱乐部那份著名的报告——《增长的极限》则使这一震动长久地保持了下来。于是我们了解到，人类作为自然的一员，必须在发展中学会克制自己无穷无尽的欲望，否则将有可能遭到自然界的无情报复。必须将我们这一代的即时利益与整个人类的长远利益结合起来，将一个地区的局部利益与世界的整体利益结合起来，公正合理地与他人分享我们地球上有限的资源，同时最大限度地杜绝资源的浪费和环境污染，这样才有可能为后人留下一片静谧而富饶的乐土，使人类能够长久地生存下去。

人们开始对以前"技术至上"的价值观进行反思，从与自然的对抗和征服转变为与自然协调共生，走可持续发展的道路。现代建筑中应用传统建筑材料，用低成本的手段来达到环保的目的，便是人类反思的成果之一。

随着社会发展，时代进步，生产力水平大大提高，材料也相应地随着生产力的发展发生了变化。那么室内外的建筑饰面材料都经历着时代进步带来的形式上的变革。材料的传统意义、使用和安装，无论是广度上还是深度上的变化，都得益于科技的进步与发展，重大的科学发展成果势必在建筑饰面材料的性质上起决定性作用。

第一节　建筑装饰材料的生产加工

从如今人们的生活观念及对自然环境的态度来看，自然材料的运用将成为未来装饰材料发展的趋势之一。自然材料由于其自身在质地、肌理、色彩等方面所具有的天然特性，能够拉近人与自然的距离，并且自然材料清新、淳朴的特性更容易使人亲近，也符合当今人们对家或者工作场所的要求。这种趋势也适应于当代保护生态环境的理念，在北欧一些国家经常把天然木材用到室内，形成独特的"北欧风格"。另外，仿造自然也是这一趋势的一种表现。随着材料加工技术的进步，许多合成材料可以制成天然材料的质感效果。

随着加工技术的不断进步，材料渐渐从最原始的面貌开始不断变化，形成了丰富而多变的装饰效果。

一、石材的生产加工

不同的加工工艺如抛光、亚光、机刨纹理、喷砂等，赋予石材光亮、亚光、凹凸等不同的表面效果。在石材加工中常常结合不同品种石材的特点来进行处理，如大理石，由于其本身的纹理非常丰富而美丽，在加工中就常常把它做抛光或亚光处理，光洁的表面更能展现其内部纹理和图样。而本身纹理不够清晰的材料如花岗岩，就可运用烧毛、剁斧等方式获得石材的二次肌理。

二、木材的生产加工

对于原木的加工，可形成未经加工的原木和原木切半的形状。古代，在东方木构建筑盛行的地区，木材常常用圆木或木杆件做骨架支撑结构，用板做围护结构。人造板材也常常因为加工工艺的不同而显示出不同的质感特征。如刨花板是利用木材加工过程产生的刨花、锯末、碎木等加入一定数量的胶结材料拌和热压而成的，它的表面可清晰地看到刨花，直接作为面板喷上油漆可以产生特殊的质感。

三、砖和面砖的生产加工

砖和面砖的加工一般通过调整原料配比和改变制作工艺来进行，可加工成平面、麻面、毛面、磨光面、抛光面、纹点面、仿花岗岩面、压花浮雕面、无光釉面、有光釉面、金属光泽面、防滑面、耐磨面，其形状有正方形、矩形、六角形、八角形和叶片形等。通过加工着色可制成红、蓝、绿等各种颜色，还可通过丝网印刷加工获得丰富的套花图案。

四、混凝土的生产加工

对于混凝土的加工首先是通过支模，可选择塑料模板、金属模板、木模板和竹模板，不同的模板会产生不同的肌理效果。其次是用水冲洗未成熟的混凝土表面，使其露出不规则的骨料；还有的用剁斧直接凿刻出纹路。

五、金属的生产加工

钢材可以通过磨光、酸洗获得光滑的表面，也可以通过滚轧、蚀刻、喷砂形成表面的凹凸或纹理图案。不锈钢表面还可通过拉丝处理、氧化处理获得不同的效果。

六、玻璃的生产加工

人们使用的玻璃从最早的单一性到丰富的装饰性是在不断发展的，在装饰玻璃的发展过程中出现了很多加工方法，如窑烧、蚀刻、熔铸等手法，通过切刮、抛光、弯曲或涂漆等可以使玻璃发光；利用喷砂工艺可以遮挡视线但不影响光线的射入，柔化了光线的强度；采用窑烧工艺则强化了玻璃表面的纹理特征，削弱了光线原本的透过率，给人以复杂多变的色彩和肌理感。

第二节　建筑装饰材料的性能改变

装饰材料的性能是一种材料区别于另一种材料的标志。装饰材料的主要性能包括：材料的颜色、光泽、透明度，材料的质感，材料的形状和尺寸，材料的耐污性、易洁性与耐擦性。改变材料的性能，增强其弱势性能，使材料性能在应用过程中更加完美地体现。

一、材料颜色的改变

每一种材料都有其固有色彩，这是使用者对材料最直观的感受。在使用过程中，而根据实际需要合理可靠地改变其色彩，从而达到设计施工的目的，如金属扶手的喷漆处理。金属本身的光泽度非常高，表面光滑而细腻，有一种现代而时

第五章　建筑装饰材料的基本应用

095

尚的感觉。在住宅的室内设计中，选择金属扶手是因为它坚固耐用，但给人的感觉不够温馨、舒适。所以利用喷漆改变它的色彩并与周围环境相协调，从而满足人的视觉和触觉需要。

二、材料质地的改变

质感包括视觉质感和触觉质感。材料表面所具有的组织结构、花纹图案都能给人以不同的软硬感、轻重感、细腻感和冷暖感等。在使用过程中选择合适的质感材料，能够使人感到亲切、自然。如人造大理石，大理石本是天然石材，多用于室内墙面、地面的装饰，质地厚重、坚硬，表面较粗糙，体感冰冷；人造大理石则采用树脂和石屑相混合的方法，模仿天然石材的花纹图案，质地轻薄，表面较光滑细腻，体感温馨，易于加工，既能使人感受到大理石的华丽纹理又方便使用，因此更广泛地用于各种台面。再如仿木纹制品，现在有很多复合地板表面层压木纹皮，使人的视觉质感为木材的装饰效果，既能感觉到木材的亲切、自然，又能够使用木材的加工制品，从而节约资源。

三、材料形状的改变

随着建筑装饰设计的不断发展，各种装饰造型千变万化，这就要求装饰材料能够满足各种造型的需要，将造型设计充分地表现出来，如木材形状的改变，木材原有的形状是圆木和半圆木状，改变后有块状、条状、片状、线状等。块状木材可用作家具，条状木材用作地板，片状木材可用作装饰贴面，线状木材用作木线装饰。

四、材料耐擦性的改变

材料的耐擦性实质是材料的耐磨性，分为干擦和湿擦两种。耐擦性越高，则材料的使用寿命越长，如复合木地板。人造木地板是由木屑和胶黏剂混合而成的，板材表面不耐潮湿，抗压能力差。而复合木地板是由树脂与木屑复合而成的板材，使得板材表面光滑细腻，其耐污性、易洁性与耐擦性都大大提高，突出体现了复合地板的使用功能。

第三节　建筑装饰材料在室内设计中的应用

多种多样的建筑装饰材料在室内设计中被广泛应用。新时期，装饰材料的实用性以及审美效果越来越高，逐渐成为室内设计的重要材料。因此，在室内设计中，设计师应该根据材料本身性质的不同，将其巧妙组合并运用到室内设计中。将各个材料的特点与室内设计相结合，创造出更好的设计效果。

一、建筑装饰材料的艺术特征

不同建筑装饰材料的质感和艺术特征都不同。充分利用材料的艺术特征不仅能够使其满足建筑设计要求，而且还能营造独特的景观氛围，给人带来触觉和视觉的不同感受。

（一）建筑装饰材料的色彩特征

在建筑室内设计中，装饰材料能够给人最直观的视觉感受，而材料的颜色是视觉艺术最直接、最明显的表现。人们的视觉在光照条件的影响下可以第一时间获取装饰材料的色彩信息，而装饰材料鲜明的色彩特征能够在第一时间给人带来鲜明、直观的视觉感受。不同色系的色彩会给人带来不同的感官体验，红色给人热情洋溢的感觉，橙色给人积极向上的感觉，黑色给人大气沉稳的感觉。由此可见，装饰材料的色彩特点至关重要，必须充分运用不同的装饰材料的色彩特征。设计人员在进行室内设计时，应该根据不同的人群需求以及功能需求，选择不同的装饰材料，以此渲染出独特的室内氛围。

（二）建筑装饰材料的肌理特征

建筑装饰材料的表面特征为肌理特征，肌理特征可能是先天自然形成的，也可能是人工创造的。建筑装饰材料的肌理通常包含两大类，即自然性肌理和人工性肌理。在这两大类中，自然性肌理具有随机性和偶然性，一般指的是石纹、木纹等；而人工性肌理指的是设计师根据材料的结构特征，有意地在材料表面塑造的纹理，具有人为创造性。因此，设计师对材料的肌理特征进行充分利用与发挥，能够实现人们视觉感受的进一步丰富。

（三）建筑装饰材料的质感特性

建筑材料的质地特征是其自然属性，能够给人带来独特的视觉感受，一般建筑材料的质感特征有粗糙、硬、软等。不同的建筑装饰材料，其质感也不尽相同。如石材给人稳重大气的感觉，木材给人温暖安全的感觉等。因此，建筑装饰材料的质感是材料最重要的艺术特征之一。

二、建筑装饰材料的作用

从远古到现代，伴随着人类文明的不断进步与发展，人们的居住环境从原始的洞穴巢居慢慢发展到现如今的一种城市综合体，这中间每个时期的居住环境都有着很大的不同。建筑设计可以说是一种艺术的体现，它可以把有限的空间打造得更加完美，再运用合适的装饰材料，会给人视觉上一个有力的冲击。家居室内设计在20世纪五六十年代形成了一个高潮期，大大推动了室内设计的发展，其中就有一些具有代表性的人物，如勒·柯布西耶、瓦尔特·格罗皮乌斯等。这种发展也推动了室内设计慢慢演变成一门独立的学科，同时与之相关的环境心理学、人体工程学等学科也发展了起来，并能够很好地提高家居室内设计的科学性。

现如今的装饰材料品种多种多样，这些材料也各有各的特点，各有各的美感，只有在设计师正确地把握这些特点的时候才能够很好地运用它。同时我们也知道自己的住宅环境里有的空间对装饰材料会有着特殊的要求，所以在选择装修材料的时候不能一味地追求美观性，而是要更关心它的实用性。当材料的价值能够得到体现的时候，美感也就自然而然地展现出来了。

建筑不仅是人类赖以生存的空间，而且也是一个地区精神文明和物质文明的象征。现代建筑装饰可以提高建筑物及其环境的艺术魅力，使人们的生活更舒适美好，所以装饰材料对于建筑空间来说具有一定的特殊意义。当今在琳琅满目的装饰材料里，每种材料的色彩、尺寸大小、特点属性等都是千差万别的，我们只有了解、掌握了这些差别才能很好地运用它们，才能达到我们想要的艺术效果。随着家装设计行业的发展，设计师不仅要熟悉、了解原有的传统装饰材料，还要认识更多的新型环保材料，它能在节约能源材料的基础上达到想要的艺术效果，所以如何正确运用装饰材料是达到设计效果的基础。

装饰材料有那么多品种，而它们之间也存在着许多差别，即使是同一种材料也会有所差异，它们的主要的基本性质如下：第一，材料的物理性质，主要包括材料的密度、孔隙率、吸声性能等，如材料的吸声性能是指空气中传播的声波能量被吸收，从而减少噪声污染对人们生活的影响；第二，材料的装扮性质，主要包含材料的色彩、透明透光性、形状尺寸大小、表面纹理等，要是能很好地进行搭配则会有一种舒心温暖的感觉，并为室内设计增添色彩；第三，材料与水之间的关系，通常每个室内环境的部分空间对于材料有着特殊的要求，如阳台、厨房、卫生间等，我们要根据它所处的特殊环境采用相应的材料，才能让使用功能和装饰功能同时发挥出来；第四，材料与力学的有关性质，包含了材料的强度、塑性和韧性等，装饰材料在运用的时候都会受到外力的作用，而不是简简单单地固定在那里，如玻璃、陶瓷等容易发生破碎和损坏，而钢材、铝材等具有很强的韧性，一般不容易发生变形，所以我们在选择装饰材料的时候要注意到这一点。

装饰材料在装饰建筑物的时候主要会体现出两个重要的功能，即装饰功能和使用功能。室内装饰材料的装饰功能的体现是通过它自身的色彩、纹理、形状大小等方面体现出来的，就算是同一种类的装饰材料也会有不同的属性特征，如木材有很多种类，像杉木、水曲柳、云杉等，它们虽然同属木材一类，可它们表现出来的效果确实千差万别，也正是因为这些差别的存在，使得设计师在选材方面有了更大的选择余地，让设计效果更加完美，也让我们能感受到不同的设计风格。

材料的另一功能即使用功能，则是至关重要的。如果一种材料失去了它的使用功能，那么它的装饰功能也会黯然失色，如地砖要有耐磨、耐压的功能，才会让装饰功能长久保存；墙面的装饰材料只要不强烈地碰擦、不被破坏并能继续使用即可；但像厨房、卫生间这样特殊的空间里，墙面材料的选择要具有抗水、易擦洗、耐热等功能。所以这要求我们在关注装饰材料的装饰功能同时，更应该注重它的使用价值和质量等方面，只有具备了这样的功能，才能创造出更加完美的居住环境。

建筑装饰材料在室内设计中能够起到美化环境的作用。通过设计师的合理利用，能够创造出美好的室内环境。它不仅可以起到保护建筑的作用，而且还能够调节人们的心灵。在建筑装饰材料的具体应用中，为了能够充分实现其使用价值，应该综合考虑经济因素和环境因素，合理使用装饰材料。如果使用多种材料，则应该注意协调统一。如果在材料使用上没有章法、胡乱使用，则不仅会影响室内环境的美观，而且还会影响人们的心情。不同的建筑装饰材料，其颜色、光泽、触感都不同，具有自身特色。因此，如何正确运用这些特征显得至关重要。石头有灵气、玻璃清澈透明、木材稳重厚实等，不同材料会给人们带来不同的感受。

三、室内设计中建筑装饰材料的应用

（一）木材的应用

木材在我国建筑装饰运用中具有悠久的历史，也是室内设计师应用较多的装饰材料之一。木材可以以家具的形式体现出来，还可以以各种雕塑饰品的形式被应用于室内装饰中，给人带来亲切、温和、返璞归真的自然感受。木材作装饰是建筑的一种雕饰门类。它通过结合构架和构件形状、利用木材质感进行雕刻加工，进而达到丰富建筑的形象的目的。木材的应用主要包括三方面：建筑梁架构件装饰、外檐装饰和室内装饰。木材在建筑方面被广泛地应用，建筑与木构件之间有着紧密的联系，进而让技术与审美形成了高度的和谐统一。木材作装饰是借助适当的艺术方式对结构构件本身进行加工，同时兼顾与结构力学性质相适应。木材是一种天然的建筑材料，其纹理美观，木制品能够给人带来温暖、亲切的感受。木材主要有樱桃木、柚木、胡桃木、红木、栓木、花梨木、樟木、楠木等。将木材运用到家居装饰中，能够与空间协调融合，创造出良好的室内环境。在建筑室内装饰中，木材主要用来作地板、墙壁、天棚等结构，可以给人带来回归自然、华贵安乐的美好感受。木材可以单独使用，也可以进行组合，如木材与金属组合、木材与玻璃组合等，都极大地丰富了室内装饰的浪漫气息。木材不仅美观，而且弹性好。在细木作装饰方面，早期朴素简洁，雕饰不多，宋代以后，细木作日益精巧，木雕刻越演越繁，发展了多种雕刻技法，如浮雕、透雕、圆雕、贴花，并与镶嵌珍珠、玉石、象牙、贝壳等精致的工艺相结合，有如点睛之笔，使装饰富有生命活力。浮雕有高浮雕和浅浮雕，高浮雕纹面凸起，多层交叠；浅浮雕以刀代笔，如同线描，体现舒展流畅的曲线之美。透雕的镂空造成虚实相间、玲珑剔透的艺术效果。相对于石材而言，木材可以作为更加理想的地板材料，而且木材地板能够起到调节室温的作用，保温性能好，给人带来了冬暖夏凉的感觉。值得注意的是，木材也有其缺点，如容易发生变形和腐蚀，而且有些木材遇水容易膨胀。因此，如果使用木材作为阳台地面，应该特别注意防水防潮。

不管是在家装还是工装中，木材是肯定会用到的，而且使用率也是最高的。木材作为既古老又永恒的建筑材料，以其独特的装饰性和效果，在现代建筑的新潮中，为我们创造了一个自然美好的生活空间。木材有着天然的纹理，色泽温和，不易被折断，更重要的是它具有很强的环保性能，受到很多人的喜爱。当它的内部含水量发生变化时，也会出现弯曲、腐败等现象，从而影响美观效果和使用性能，所以在平时的使用时要注意保养。

木材不光用于家具的打造，现在也被制成了多种隔板，如隔墙、吊顶等的制作就经常用到木材。由于木材取材于树木，所以它是一种很珍贵的装饰材料，它主要可以分为针叶树木材，包括柏树、铁杉、杉木等；阔叶树木材包括胡桃木、乌木、柚木等。每种木材都有其各自的纹理、色彩特点，正确掌握运用这些特点会使设计大放光彩。

纹路是木材独一无二的特色，这种毫无规则的纹路使人享受一种凌乱美，给房屋装饰增加别样的气氛。在家中采用木材制的东西于无形之中透露出从树木中带来的自然清新的感觉。清晨一觉醒来，仿佛回归自然，让人瞬间从睡梦中清醒。晚上回到家，那种清新又可以让一天的疲劳一下子就烟消云散。有些名贵的木材密度比较大，硬度相对一般木材较高，再加上颜色比较深沉，受到内在含蓄性格的人的青睐。也正因为如此，木材成为人们家居地板的重要考虑对象，它既不容易被磨坏，又能增加自然气息；既实用，又环保。另外，木板还常用于制作门、扶手、栏杆和天花板等。综合木材的这些特点，它常常被用于环境相对安静的地方，如书房、卧室等地。此外，用木板铺设的地板具有冬暖夏凉的功效，相比于一般的瓷砖则在冬天的时候更暖和。

（二）石材的应用

石材是目前最古老的建筑装饰材料之一，具有强度高、耐磨性好、耐久性强以及美观的特点。另外，在石材的使用上，还具有取材方便的优点，因此在室内设计中被广泛应用。石材在大型建筑物的建造过程中被广泛使用，同时它也适用于室内装饰。根据不同石材的强度和耐磨性，它被应用于室内设计中的窗台、卫生间、底板等处。研究砖石装饰离不开它所处的环境，以及特定时代下人的观念、精神生活等因素，正是这些因素促成了今天我们见到的砖石装饰的形成。建筑是砖石装饰依托的主题，装饰的形式无论怎样独特，都不能脱离建筑构件的模式，并且应与建筑的规模、风格相协调，成为其不可分割的一部分。石材生性坚硬，耐风雨侵蚀，经日月不朽，因而成为永恒的象征。人们为了流芳百世，将一生以碑文的形式记录下来，也将精美的装饰附于砖石之上，这样，石材便记录下了历史，记录下了文明。在文人心目中，石材被赋予了超自然的灵气，深受文人的青睐，他们将自己的精神世界融入石材中，又从石材的品质中感受到了同样的反馈。石材是一种坚硬耐用的材料，它具有各式各样的图案、不同的颜色以及形状大小，而且还有耐压、耐磨、耐脏等特点，不仅能适用于室内，还可以对建筑物的外墙进行装饰，具有大气的效果，并且很容易打理。石材主要分为人造石材和天然石材两种。

人造石材主要有人造大理石和人造花岗岩，它们具有颜色艳丽、施工方便、强度高等特点，同时还有多种尺寸大小可供选择，不仅可以适用于大型的酒店、宾馆，还能用于墙面的装饰等。

天然石材顾名思义就是指在自然环境下，经过风化、日晒、沉淀等作用，使得石材获得了天然的纹理造型。因为它是天然形成的，所以在投入使用之前要经过一系列的打磨、加工等程序，才能运用到实际中去，这也决定了它的造价是比较昂贵的，可是它的装饰效果却是独一无二的。

石材拥有丰富的内容，不仅种类多，而且石材的花纹很漂亮，它本身的各种花纹就是一种很好的装饰，不再需要加工。建筑用石材包括很多种，常用的有大理石、花岗岩等，而且在建筑中的用法中国自古以来就有，这也是人类探索发现创新的成果。

大理石的主要成分是碳酸钙，它虽然坚硬，可以抵抗一些有硬度的东西，但是硬度不强，也容易受到磨损，具有较强的可塑性。天然的大理石是自然界赐给人类的礼物，因为它表面拥有各种花纹和天然的颜色，再好的人工技术也无法复制和创造。正是这种特性使它不仅成为建筑材料，还是优质的装饰设计材料。

花岗岩的硬度则比大理石更大，而且具有较强的抗腐蚀性，常用于阳台、客厅地板等处。有科学家曾说，有些花岗岩具有放射性，会对人的身体健康造成伤害，因此在装饰设计中很少用到花岗岩，多用大理石代替。即使客厅厨房的地板、窗台等经常会摩擦的地方也常采用大理石。虽然大理石的耐磨性没花岗岩好，但综合环境因素来看，采用大理石的性价比更高。

（三）陶瓷的应用

陶瓷在建筑装饰中广泛应用，也具有悠久的历史。随着社会经济的发展以及科学技术的不断进步，传统的陶瓷生产工艺也得到了发展。陶瓷种类越来越多，花色与形状也呈多样化。陶瓷具有很多优点，如阻燃、防火、安全、卫生、耐腐蚀性好，是室内设计师使用最多的装饰材料之一。陶瓷材料在室内设计中的体现形式有灯具、瓷砖、墙面装饰等，给人们的日常生活增加了很多生气和活力，也能够彰显出屋主的品位。砖雕是模仿石雕而出现的一种雕饰类别，由于它比石雕省工、经济，故在建筑中逐渐被采用。但砖雕的材料、色泽不如石雕，虽然它刻工细腻，题材丰富，但仍不被官府所采用，在民间却广泛流传。砖作装饰多用于嵌面，其手法仿石雕，采用剔地、隐刻等工艺手法。其后由于花卉等题材需要多层次表现，故产生有浮雕、圆雕、透雕等种类和做法。砖雕一般用于住宅、祠堂、会馆、店铺等民间建筑中，也有在寺庙建筑或牌坊上用之。建筑部位多为大门屋脊、挥头、墙面、影壁等处，多属室外部分。在日常的生活中，我们接触到的陶瓷多数是关于器物方面的，殊不知它在建筑装饰中也发挥了相当重要的作用。陶瓷采用质量均匀而又耐高温的黏土制成，它的表面光滑且平整，具有非常好的耐水性。随着现如今的科学技术发展，陶瓷还被制成了带有印花的陶瓷砖，为室内装饰增添了一笔色彩。

常人所了解的陶瓷在装饰中的应用一般指陶瓷制品，这种陶瓷制品通常给人一种典雅、大气、有品位的感觉。这种特性即使不以陶瓷制品的方式呈现也同样得到了延续。同时因为它具有易清洁、耐潮湿等特性，常作为厨房、卫生间等水分较多的地方。陶瓷锦砖是陶瓷专家专门为装饰设计而研制的最新成果，它具有耐磨、不吸水而可以添加各种花纹等特点，常常用于地板和墙面的装饰。而且陶瓷锦砖的制作工艺流程比较简单，易于操作，生产量和质量都可以得到保证，因此在装饰设计中应用较多，很受消费者的欢迎。

（四）塑料的应用

塑料材料属于高分子合成材料，与天然形成的石材、木材相比，质量较轻，且耐腐蚀，被广泛应用于现代室内装饰中。塑料有热固性塑料和热塑性塑料两大类，在室内设计中，可以被制成装饰板材等。

（五）玻璃的应用

玻璃的主要成分是二氧化硅，具有较强的硬度，但容易破碎。玻璃具有透明的特点，不仅起到装饰的效果，还能采光。美国科学家曾经用实验证明，在玻璃的主要成分中添加某种特殊物质可以使玻璃具有防辐射、防噪声等功能，它被称为新型功能性玻璃。随着科技的进步，玻璃的作用不仅仅局限于对于光的采集方面，它经过加工，通过加入铜、铁、银等元素给平淡的玻璃增加不一样的色彩，增强在装饰方面的效果。玻璃的透明性和彩色性使其在装饰中的运用十分广泛。白色的灯光经过彩色玻璃的渲染就变成了彩色，给空间增加美感。同样，玻璃还可以设计成玻璃墙，外面的事物经过玻璃的反射会增加空间感。对于狭小的房子，为了增加空间感便可以采取这种方式。但是玻璃的易碎性使其也存在着安全隐患，所以最好采用安全玻璃，以降低危险性。

玻璃通透性高，将其运用在建筑室内装饰中，能够丰富室内结构的层次感，给人带来视觉和光感的美好体验。另外，玻璃能够将室内环境与室外环境延展开，使其协调统一。在具体的室内装饰材料中，玻璃主要有彩绘玻璃、压花玻璃、马赛克玻璃等种类。玻璃能够为建筑室内环境营造出清新浪漫的氛围，因此受到了很多现代人的喜爱。玻璃在我们日常生活中是一种很常见的装饰材料，同时它还可以制成各种好看的工艺制品，具有很好的装饰性能。玻璃的化学成分是很复杂的，主要有石英砂等成分，它的透明、透光性能很强，并有很好的防水效果。玻璃的可塑性也很强，随着科学技术的发展，可以在玻璃中加入不同的颜色以及做出各种肌理和造型。在现在的设计中，玻璃制品更多的是向着装饰等功能发展，如增加美观、控制光源和噪声、调节热量、作为隔墙隔断等。如果温度过高，玻璃会容易发生破碎，所以在安装使用的时候应需要注意。

（六）纤维织物材料的应用

纤维织物材料在室内装饰中的应用形式有床单、挂毯、靠垫、窗帘等。纤维织物材料质地柔软，色泽丰富，能够直接影响室内的光线和色彩。它不仅能够提升室内设计的美感，而且还能够给人带来舒适、温暖的感觉。另外，纤维织物材料不仅具有很高的实用性，而且还能够营造室内环境的艺术氛围，给人带来艺术的陶冶和感受。

纤维织物材料主要指布料，在装饰设计中常用于窗帘、地毯、床单、沙发等。布料可以通过人工的方式增加各种颜色和花纹，而且不同的材料制成的装饰品具有不同的特性。例如，窗帘用厚且较硬的布料既可以遮挡阳光，也可以起到一定的隔声效果。床单和沙发布料则需要质地较柔软的布料，这样才能保证良好的睡眠效果。另外，装饰所用布料的颜色、花纹、软硬程度对整个装饰场地能起到烘托气氛的效果，或艺术性、或厚重感、或比较喜庆。所以在装饰设计时，应该根据具体的情况、想要表达的意境和情感对织物材料进行选择，这些因素一般包括颜色、质地、价格以及所烘托的氛围等。

（七）材料与室内因素的融合

室内因素主要指的是光、色彩等，在建筑装饰材料的具体应用中，可以将这些因素与建筑材料相衬托，打造出独特的设计效果和风格。如洗手台上方灯光的设置，不仅增添了美感，而且实用性也很强。将材料与室内因素相融合，还应该注意以下两点内容：在进行设计时，要考虑居住者的使用要求，如在老年人经常使用的房间内，其灯光应该比较柔和，避免刺激老人的双眼；对于灯光的使用，要注意使用恰当，同时还应该尽量隐藏光源，以此增加灯光的神秘感，提升设计效果。

对于室内装饰材料的运用也有一定的原则，不是什么材料都能混用的。设计师只有在了解、懂得材料的真正属性的时候才能很好地去驾驭它。更加准确地说，装饰材料是死的，而我们要灵活地将死的材料转变成活的创造，把看似普通平凡的材料蜕变成不平凡的表现，只有这样的创造，才能将装饰材料的魅力完全展现出来。

自然材料具有其自身特殊的纹理图案，可以说人工很难制造出完全相同的纹理图案。所以我们在应用的时候应尽量发挥自然材料的特殊品质，如木材，它的纹理有各种各样的，可以说是独一无二的，我们可以因物塑性，从而取得生动的艺术效果。我们也可以在不破坏自然材料本身特殊的纹理和色泽的情况下，通过打磨等方式，使得纹理更加细腻，色泽更加柔滑，也别有一番滋味。

相对于人工材料而言，我们则要充分把握它的属性特点，并加上设计师给予它的适度感性表现，使得最终的艺术效果附上了一层感情的效果。在选择人工材料的同时，我们要严格根据自己的装修风格来选择材料，并加上正确的施工方法、技巧，创造出理想的居住环境。

从古至今，装饰材料发生了翻天覆地的变化，从中也可以看出社会经济的发展和人民生活水平的不断提高。相信在未来的日子里，它将会变得更加新颖，主要可以表现为以下两个方面：

①室内装饰材料不会再像以前那样用单一的方法去表现，将是多种材料综合的体现，因为这样它会发展出更多的新型品种，在提高装饰性的同时也赋予了它更多的实用性。人们在选择的时候也有更大的空间，使得最终的创意效果更加新颖。

②当社会整体的水平都提高以后，设计对材料的要求也会更加苛刻，人们更希望居住在一个环保、无污染的环境里，这让材料生产的过程会注重到成分的运用，材料的环保化发展是一个必然的趋势，它将在人们选择装饰材料的总量中占有很大的比例。

总之，建筑装饰材料随着社会整体科技水平的提高，在形体、质感、图案、色彩、功能等方面都会得到长足的发展。我们在运用建筑装饰材料的同时，要对装饰材料进行细分，在设计中应充分运用装饰材料的性能，体现美感，这也是同可持续人居环境的营造相契合的。

四、建筑装饰材料的创新性发展

传统的建筑室内设计在材料的使用上具有明显的单一性，建筑装饰材料的种类较少，室内设计缺乏创新。新时期，建筑装饰材料的种类越来越多，现代工艺呈现逐渐发展的态势。伴随设计理念的不断创新和装饰工艺的发展，设计师的设计灵感也充满了变幻和新奇，创新意识越来越强。在这种背景下，设计师不仅要积极利用新型建筑装饰材料，而且还要对传统的装饰材料进行改造利用，充分挖掘传统装饰材料的独特魅力，发挥其使用潜能。如很多年轻人在店面装修上，希望营造出别具一格的怀旧风格，在背景墙选用上则大胆运用了一些报纸或者废弃的海报、杂志等，打造出了别样的怀旧版照片墙。此种大胆创新，一方面让这种设计新颖度和设计美感得到了增强，另一方面又大大节省了装修费用，实现了一举两得。在现代建筑室内装饰中，一切皆有可能。只要能够合理地利用装饰材料，创新其使用性能和设计理念，就能利用普通的装饰材料营造出独特的装饰效果。例如，有些设计师把抽象设计在书架上，使其更加地活灵活现，将其丰富的内涵升华体现在了树木形象的创造之中。此种设计一方面把树木和书本的内在联系紧密衔接，另一面又将设计师崇尚自然的设计理念充分彰显。此外，在社会经济快速发展的同时，人们的环保意识也得到了逐渐提升，绿色环保装饰材料也受到了越来越多人的欢迎。在建筑室内设计中采用绿色环保材料，不仅能够保证家居环境的安全性和舒适性，而且还能够保护环境。因此，建筑装饰材料发展的创新与改进不仅是新时期发展的潮流趋势，也是设计师和消费者希望的长远发展方向。

由此可以看出，在经济高速发展的今天，人们的审美意识和环境意识也都发生了变化并逐渐提高，在精神层面的需求也越来越强烈。在室内装饰的设计过程中，我们应该充分掌握各个装饰材料的性质和用途，然后对环境和材料的应用进行综合考量，合理组合不同的材料，创造丰富的艺术效果。优美、和谐的生活环境离不开各种建筑装饰材料的使用，建筑装饰材料是营造环境的重要因素。在人们生活场所的室内空间中，对装饰材料施以创意性的利用则变得更加不可忽视，只有做到把握好、控制住，才能构建出协调统一与对比变化并存的视觉效果，为人们打造出既高雅又温馨的人性化空间，为人们提供一个高品质的生活与工作环境，且在提高人们生活品位的同时，带给人们精神的愉悦和舒适。

第四节　当今建筑装饰材料在设计中应用的误区

一、高档材料的堆砌和滥用

对于材料的应用很多设计人员没有充分考虑各种装饰材料的使用范围，没有完全将装饰材料进行合理的搭配使用，而是将许多高档装饰材料进行简单的堆砌或滥用，以至于走入建筑装饰材料在设计中应用的误区。

装饰材料的品种很多，而且不同的装饰部位对材料的要求也不同，在选用某种装饰材料时，必须先对该材料的装饰特性、使用环境结合装饰主体的特点加以考虑和分析比较，才能从众多装饰材料中选出一种对特定的装饰部位来说最佳的材料。我们可以从一个简单的方面进行分析：人流密集的公共场所地面应采用耐磨性好、易清洁的地面装饰材料，但有些大型餐厅的地面采用地毯进行装饰，由于地毯的特性，它的表面容易受到食物的污染且不易清洗，同时受到污染的地毯表面极易滋生细菌，还会影响人的身体健康，这就需要设计人员充分考虑各种装饰材料的适用范围，必须充分考虑材料的综合性、耐久性和可行性。所谓综合性就是应根据建筑物的类型、使用性质、装饰部位、环境条件以及人的活动与装饰部位间接触的可能性等来确定饰面处理的方法。一个建筑物的各个组成部分的耐久性并不一样，如对于高层、多层住宅楼或商场、宾馆、火车站、体育等建筑的装饰耐久性，应按不同的部位、采取不同耐久性的材料。但有些建筑对装饰面的耐久性往往采取上层与底层相同的做法，这样便带来了许多不必要的浪费。所谓可行性，即从各方面考虑运用的装饰材料的可实施性，因为工期长短、施工季节、施工时间的温度、施工现场工作面的大小、施工人员的操作熟练程度、管理人员的管理素质和采用的机具情况等都会对选择饰面做法有一定的影响。

二、材料的雷同

在建筑设计全球化的背景下，我国建筑外表皮无论是材料还是材料的表现都具有趋同的特征。不用我们去过多的例证，从设计上的抄袭风到建筑风格和表皮材料的潮流化以及施工工艺的单一化和程式化，包括建筑建造者和业主接受心理的通俗化，使中国当代建筑的外檐装饰具有雷同性是不可避免的结果。

三、材料的简易

我们在这里谈到的中国建筑外表面的低技状态，必须澄清的是，这里的低技不是指相对于建筑高技派说的，也不是乡土建造和地域传统适宜技术的低技。如果用更通俗的语言来说，这里表述的低技是做工的粗糙、设计的单调等。我们可以这样说，我国建筑表皮的低技源于我们在建筑表皮的表现中缺乏思考和深入的研究。我们看到有的建筑施工工艺粗糙，有的建筑材料搭接草率，有的材料选用过于简单，以及材料搭配不和谐所造成的"视觉污染"。建筑表皮从设计之初就没有被真正地尊重，建筑师以不负责任的态度将表皮的设计用三维效果图来代替。我曾经看到过一个设计院的建筑师在图像工作室内公然要求表现图工作人员帮他选择立面材料进行立面效果图设计，而我所了解的是，这位善于画效果图的设计师对于建筑的了解也仅仅是来自建筑表现效果图书籍中的只言片语，而他最后对表皮材料的选择就只能取自于他电脑中所存储的材质库，他的设计思想就是这样通过电脑特技把建筑表现得更时尚和更有视觉美感而已，一切都是凭空的想象。

第六章　建筑装饰设计的发展

第一节　建筑装饰设计发展概述

建筑装饰设计是指以美化建筑及建筑空间为目的的行为。它是建筑的物质功能和精神功能得以实现的关键，是根据建筑物的使用性质、所处环境和相应标准，综合运用现代物质手段、科技手段和艺术手段，创造出功能合理、舒适优美、性格明显、符合人的生理和心理需求，使使用者心情愉快，便于学习、工作、生活和休息的室内外环境设计。

一、建筑与建筑装饰设计

根据建筑自身的要求可以将建筑装饰设计分为内部设计和外部设计，即建筑自身的装饰设计和建筑自身以外的装饰设计。

①建筑自身的装饰设计。建筑自身的装饰设计主要表现在对于建筑结构上的设计，通过对于建筑结构的设计可以让建筑具有审美价值和文化内涵，建筑自身的审美价值也主要通过建筑结构的装饰设计来体现。站在审美者的角度上看，人们对于建筑的第一印象就在于结构，而想让结构产生美感，就在于建筑装饰设计。

②建筑自身以外的装饰设计。建筑自身以外的装饰设计是指通过对建筑周边环境等方面的设计，来使周围环境与建筑自身相协调，从而达到审美的作用。这是建筑装饰设计对于建筑的另一层作用，通过对建筑以外的装饰设计来满足审美需求，达到艺术、文化、精神层面上的追求。

二、建筑装饰设计的作用

（一）实用性作用

建筑装饰设计的实用性是最基本的考虑，实用性也可以说成是实用性与功能性的考虑。就建筑装饰设计的审美而言，实用性与功能性是审美要求的基础，任何装饰设计都不仅仅是为了美观才展开设计，其存在的基础是为了满足人们的生活需求和社会需求，为了满足实用而存在的，因此建筑装饰设计的审美要建立在建筑的实用性与功能性的基础上。

（二）审美作用

建筑装饰设计的审美作用体现在建筑设计本身和建筑与周围环境的协调性上，美学价值体现在实用性与功能性的基础上，带来力与美的和谐统一，追求视觉上的审美，达到通过传达美学与艺术，让建筑拥有生命力，拥有灵魂。在建筑装饰设计的发展过程中，人们已经开始把重心由建筑装饰的实用功能性向审美方向靠拢。

（三）表意作用

建筑装饰设计是可以说话的，它能让设计者通过建筑传达出所要表达的思想或文化。不同的设计师会选择不同的设计理念和设计材料对建筑的艺术氛围和艺术情境进行设计，观赏者从不同设计师身上所感受到的氛围是不一样的，因为不同的设计师有不同的表达内容和表达方式，这在一定的程度上体现了建筑装饰设计的表意作用。建筑设计中的文化魅力、艺术魅力，可能就体现在一砖一瓦的表意因素上。

三、建筑装饰设计中的一些误区问题

为了达到建筑装饰的审美需求，建筑装饰设计中常常会出现一些误区，如装饰材料的不合理使用。为了达到建筑装饰设计的审美效果，一些设计人员在材料的选择上往往只顾及审美的需求，却忽略了建筑设计当中一些非常关键的需求，如安全需求、实用需求、环保需求等。建筑装饰设计要追求审美，要达到给人以美和艺术享受，但这种审美不仅仅局限在外观上，对于建筑来说，经得住时间的考验，给人以实用、安全的感觉同样也是一种审美需求。很多建筑设计师希望在建筑审美上追求创新与突破，这个出发点是好的，但具体实践的过程中，经常会出现一些盲目追求个性和创新的设计，使建筑装饰设计作品令人啼笑皆非，怪异另类，中看不中用，大大破坏了建筑装饰设计的审美效用，丧失了审美和艺术的价值。与盲目追求创新相反的是设计者在建筑装饰设计的过程当中缺乏创新能力，设计出来的作品千篇一律，没有个性和识别度，造成欣赏者的审美疲劳。有些建筑装饰设计盲目地照搬一些成功的设计案例，并没有结合自身的特点，结合自身的实际状况，完成有自己地域文化特色、民族文化特色的建筑装饰设计，达不到审美的需求。

四、中国古代建筑装饰

中国古代建筑以其独特的木构架结构体系、卓越的建筑群组合布局著称于世，同时也创造了特征鲜明的外观形象和建筑装饰方法。

远古时代，原始人类因地制宜地创造出木骨泥墙建筑和干阑式建筑两种居住方式。这时的建筑已有简单的空间分隔，如龙山文化时期出现的两间相连的"吕"字形房屋，内外两室分工明确，反映出以家庭为单位的生活方式；地面采用白灰抹面，光洁、明亮又防潮；墙面上绘有图案，应是中国最早的建筑装饰。

自夏商周至春秋时期，木构架形式已略具雏形，瓦的发明使建筑从"茅茨土阶"的简陋状态进入了比较高级的阶段。建筑装饰和色彩也有很大发展，据《礼记·明堂位》所载"山节藻棁"和《春秋谷梁传注疏》所载"楹，天子丹，诸侯黝垩，大夫苍士黄主黄色也"，可见当时的建筑已施彩，而且在用色方面有了严格的等级制度。

战国至秦汉时期，木构架体系基本形成，斗拱普遍使用，屋顶形式也多样化，古建筑的主要特征都已具备。从出土的瓦当、器皿等实物以及画像石、画像砖中描绘的窗棂、栏杆图案来看，当时的建筑装饰相当精细和华丽，室内家具已相当丰富，床、榻、席、屏风、几案、箱柜等普遍使用。

魏晋南北朝时期的民族大融合，使室内家具发生了很大变化，高坐式家具如椅子、方凳、圆凳等，由西域传入中原；佛教的传入也带来了许多新的装饰纹样，装饰风格由粗旷、稚嫩趋向雄浑、刚劲而又秀丽柔和。唐代是木构建筑的成熟期。从现存的唐代佛教建筑来看，这时期的建筑气魄宏伟、舒展开朗、色彩明快端庄、门窗朴实无华，但艺术加工真实，达到了力与美的统一。室内常以帷幔、帘幕分隔空间，家具仍以低坐式家具为主，但垂足而坐渐成风尚，高坐式家具类型增多。至五代时期，垂足而坐的起居方式成为主流。

宋辽金时期，手工艺水平的提高促使建筑装饰与色彩有了很大发展。格子门、格子窗开始普遍使用，门窗格子有球纹、古钱纹等多种式样，既丰富了装饰效果，又改善了室内采光。建筑木架部分开始采用华丽的彩画，加上琉璃瓦的使用，使建筑外观形象趋于柔和秀丽。室内空间分隔多采用木装修，高坐式家具的普及使室内空间高度增加，室内陈设也日益精美和多样化。

明清时期，木构架建筑重新定型，形象趋于严谨稳重。官式建筑的装饰日趋定型化，如彩画、门窗、天花等都已基本定型；建筑色彩因运用琉璃瓦、红墙、汉白玉台基、青绿点金彩画等鲜明色调而产生了强烈对比和极为富丽的效果。以造型简洁秀美著称的明代家具成为中国家具的杰出代表。

五、西方古代建筑装饰

古希腊时期建筑装饰艺术达到相当高的水平。神庙建筑的发展促使多立克、爱奥尼、科林斯三种柱式的发展和定型。这些性格鲜明、比例恰当、结构严谨的柱式和天花部位的精美雕刻成为主要的建筑外部装饰，如雅典卫城的帕提农神庙，以多立克柱式形成围廊，使整个建筑庄严雄伟；其内部装饰也极为精彩，正殿内的多立克柱廊采用了双层叠柱式，不仅使空间比较开敞，而且将殿内耸立的雅典娜塑像衬托得更加高大。

古罗马建筑继承并发展了古希腊建筑，建筑类型增多，建筑及装饰的形式和手法相当丰富。如古罗马万神庙以单纯有力的空间形体、严谨有序的构图、精巧的细部装饰、圣洁庄严的环境气氛，成为集中式空间造型最卓越的典范。另外，从庞贝古城遗址中贵族宅邸的内墙面壁画、大理石地面、金属和大理石家具等来看，当时的室内装饰已相当成熟。尤其是壁画，已呈现出多种风格，有的在墙、柱面上用石膏仿造彩色大理石板镶拼的效果；有的用色彩描绘具有立体感的建筑形象，从而获得扩大空间的效果；有的则强调平面感和纯净的装饰。这些成为当时室内装饰的主要特点。

欧洲中世纪基督教文化繁荣，建筑装饰的成就主要表现在教堂建筑上。拜占庭建筑以华丽的彩色大理石贴面和玻璃马赛克顶画、粉画作为主要室内装饰，创造出色彩斑斓、灿烂夺目的装饰效果。罗马风建筑以典型的罗马拱券结构为基础，创造了高直、狭长的教堂内部空间，强化了空间的宗教氛围。哥特式建筑大量运用尖券、尖拱和尖塔，形成了动感强烈、直插云霄的外部形象。中厅空间狭长高耸，嶙峋峻峭的骨架结构营造出强烈的向上的动势，体现了神圣的基督精神；色彩斑斓的彩色玻璃窗又使建筑增添了一分庄严与艳丽。

文艺复兴建筑在装饰上最明显的特征是重新采用体现和谐与理性的古希腊、古罗马时期的柱式构图要素，并将人体雕塑、大型壁画、线型图案的铸铁饰件等用于室内装饰，几何造型成为主要的室内装饰主题。

随着文艺复兴运动的衰退，巴洛克风格以热情奔放、追求动感、装饰华丽的特点风靡欧洲。在室内装饰上主要表现为强调空间层次，追求变化与动感，打破建筑、雕刻、绘画之间的界限，使它们互相渗透，并使用鲜艳的色彩，以金银、宝石等贵重材料为装饰，营造出奢华的风格和欢快的气氛。

18世纪初，更加纤巧、华丽的洛可可风格在法国兴起，其主要表现在室内装饰上使用千变万化的舒卷着和纠缠着的草叶、贝壳、棕榈等具有自然主义倾向的装饰题材，喜欢应用娇艳的色彩和闪烁的光泽。

18世纪中叶，复古思潮再次兴起，新古典主义重新采用古希腊柱式，提倡自然的简洁和理性的规则，几何造型再次成为主要的装饰形式，并开始寻求功能的合理性。浪漫主义追求中世纪的艺术形式和异国情调，尤以哥特式建筑最为突出。折衷主义没有固定程式，任意模仿历史上的各种风格，或自由组合，但讲究比例、追求纯形式的美。

六、近现代建筑装饰

19世纪中叶以后，随着工业革命的蓬勃发展，建筑与装饰设计领域进入了崭新的时代。工艺美术运动、新艺术运动等一系列设计创新运动，在净化造型、注重功能和经济、适应工业化生产等方面开拓创新。20世纪初，表现主义、风格派等一些富有个性的艺术风格也对建筑装饰艺术的变革产生了激发作用。到20世纪20年代后期，设计思想和创作活动的活跃、设计教育的发展，促使现代主义建筑艺术走向成熟，成为占主导地位的设计潮流。

现代主义建筑的影响是广泛而深远的，空间的主体地位得到肯定，使用功能受到重视，成为设计的出发点，从内到外的设计方法被推广，新的设计理念和处理手法不断涌现。以格罗皮乌斯、密斯·凡·德·罗、勒·柯布西耶、赖特等为代表的现代建筑大师，在建筑和室内设计领域以及家具设计方面做出了卓有成效的探索和创新。

20世纪后期，现代设计不断发展创新，新的思想理论、新的风格流派层出不穷，建筑装饰明显表现出多元化的发展态势。建筑文化是人类文明长河中产生的一道亮丽的风景，是人类生活与自然环境不断作用的产物。建筑文化与建筑装饰设计有着共同的审美诉求，二者也有着密不可分的关系。

建筑文化为建筑装饰设计奠定了一定的基础。因为建筑文化本身就是一定的审美标准，人们对于建筑文化的认可会渗透在建筑装饰设计上，可以说没有一定的建筑文化基础是很难开展建筑装饰设计的，建筑装饰设计要符合一定的建筑文化需求。

建筑文化为建筑装饰设计提供了思路。建筑文化的影响因素与多方面因素有关，不同地域都形成了风格各异的建筑文化，这些不同的建筑文化丰富了建筑装饰设计的文化内涵，开阔了建筑装饰设计的眼界，为建筑装饰设计者的设计提供了思路。

建筑装饰设计促进了建筑文化的发展。建筑文化不是一成不变的，随着时代的发展，建筑文化也需要创新来满足人们的审美需求。建筑装饰设计恰恰就是建筑文化创新内容的重要一面，建筑装饰设计中创新设计促进了建筑文化的发展。

人们生活水平的提高使人们不再仅仅满足于物质上的追求，对于精神层面上的需求也与日俱增。同样人们对于建筑也是如此，当建筑在满足了人们的基本实用需求之后，人们就会考虑对建筑装饰设计的审美需求，通过建筑装饰设计传递和表达一定的审美取向、艺术内涵和文化传承，促进建筑装饰设计行业的发展。

第二节　建筑装饰设计的风格流派

建筑装饰设计的风格流派一般总是与建筑及家具的风格流派紧密联系的。从现代建筑装饰设计所表现的艺术特点分析，其主要有新古典主义、新地方主义、高技派、后现代主义、光亮派、白色派、超现实主义等。

一、新古典主义

新古典主义在设计中运用传统美学法则，使用现代材料与结构，追求规整、端庄、典雅、高贵的空间效果，反映了现代人的怀旧情绪和传统情结。新古典主义常采用现代材料和加工技术去表现简化了的传统历史样式，追求神似；注重装饰效果，往往照搬古代家具设施及陈设艺术品来增强历史文脉，烘托室内氛围。

二、新地方主义

新地方主义是一种强调地方特色或民俗风格的设计创作倾向，强调乡土味和民族化。新地方主义没有严格的、一成不变的设计规则和模式，以反映某个地区的风格样式以及艺术特色为要旨。它注重建筑、室内与当地风土环境的融合，往往从传统的建筑和民居中吸收营养，尽量使用地方材料与做法，表现出因地制宜的设计特色，室内陈设品亦强调地方特色和民俗特色。例如，华裔建筑大师贝聿铭设计的北京香山饭店，它具有中国江南园林和民居的典型特征，是新地方主义的代表作品。

三、高技派

高技派又称重技派，突出工业化的技术成就，崇尚"机械美"，强调运用新技术手段反映建筑和室内环境的工业化风格，创造出一种富有时代感和个性的美学效果。高技派常将内部构造外翻，以暴露、展示内部构造和管道线路，注重过程和程序的表现，强调透明和半透明的空间效果，着意表现新型框架及构件的轻巧，以及工业技术特征和现代感。它的代表作品有法国巴黎蓬皮杜国家艺术与文化中心、香港汇丰银行。

四、后现代主义

后现代主义室内设计的造型特点趋向烦琐和复杂，强调象征隐喻的形体特征和空间关系。它常常利用新的手法重组传统建筑装饰元件或将其与新的元件混合、叠加，最终表现出设计语言的双重译码和含混的特点，并大胆运用图案装饰和色彩，往往采用夸张、变形、断裂、折射、错位、扭曲、矛盾等构图手法，家具、陈设往往突出其象征意义。如汉斯·霍莱因设计的维也纳奥地利旅行社中庭空间，中庭的天花是拱形的发光天棚，天棚仅由一根从古典柱式的残断处升起的不锈钢柱支撑，钢柱的周围散布着九棵金属制成的棕榈树，透过棕榈树叶可以望见具有浓郁印度风格的休息亭，当人们从休息亭回头眺望时，会看到一堵金字塔形的倾斜墙面。业务区上空展翅翱翔的雄鹰以及横搭在问询处上部的布匹……创造了一个梦幻般、跨越时空的室内空间环境与气氛。

五、光亮派

光亮派也称银色派，追求丰富、夸张、富于戏剧性变化的室内气氛和光彩夺目、豪华绚丽、人动景移、交相辉映的效果。在设计中往往在室内大量采用镜面及玻璃、不锈钢、磨光石材或光滑的复合材料等装饰面材，注重室内的光环境效果，惯用反射光以增加室内空间的灯光气氛，形成光彩照人、绚丽夺目的室内环境。

六、白色派

白色派在设计中大量运用白色。白色给人纯净的感觉，又增加了室内的亮度，再配以装饰和纹样，产生出明快的室内效果。白色派注重空间和光线的设计，墙面和天花一般均为白色材质，或在白色中隐约带一点色彩倾向，显露材料的肌理效果，配置简洁、精美和色彩鲜艳的现代艺术品等陈设以取得生动的效果。

七、超现实主义

超现实主义追求所谓超越现实的纯艺术效果，力求在建筑所限定的"有限空间"内运用不同的设计手法以扩大空间感觉，来创造所谓"无限空间"。超现实主义在设计中常采用奇形怪状的、令人难以捉摸的室内空间形式，追求五光十色、变幻莫测的光影效果，配置造型奇特的家具与设施，有时还以现代绘画或雕塑来烘托超现实的室内环境气氛，在空间造型上常运用流动的线条及抽象的图案。

第三节　建筑装饰设计的发展趋势

随着生活水平的提升，人们对建筑的质量和美感度提出了更高的要求，这刺激着建筑装饰行业的发展，从而对建筑设计的延续产生了影响，促使其设计种类不断涌现，如装饰设计、室内设计、装修设计、建筑装饰设计等。而建筑装饰设计是指以美化建筑外部及建筑内部空间为目的的行为，它是建筑的物质功能和精神功能得以实现的关键所在。建筑装饰设计不仅要注重保留原有建筑设计的思想，又要做到设计的科学性、美感性、时代性、人文性等的体现，以达到为人们的工作和生活创造出舒适美好的室内外环境的目的。

现代建筑业的发展成为现代社会经济发展最重要的力量之一。特别是在中国经济和国家产业政策的框架下，固定资产投资成为拉动经济发展的三驾马车之一，建筑产值增速大大高于 GDP 的增速。随着社会经济的发展，全球化、城市化进程和可持续发展成为现代建筑业发展的三个主要趋势。

一、建筑装饰设计的研究

随着建筑装饰市场的发展，越来越多的装饰企业迅速发展起来，在建筑装饰设计方面取得了一些成就，但是同时也存在一些问题，而对建筑装饰设计的研究也集中在这几个问题上。首先，建筑装饰设计大众化，建筑装修设计中个性不突出，"人云亦云"的情况大量存在。随着阵阵装饰之风的吹过，如欧洲装饰风来时，装饰企业纷纷投入欧式设计，这就使得建筑装饰失去了中国文化的独特风格，成为西方风格化的装饰辅助品。其次，建筑装饰设计豪华度过高，在一些大型建筑的装修上，一味地追求档次，将豪华度作为提高建筑质量的目标，在设计上以华丽取胜，往往给人以俗气的感觉；最后，建筑装饰设计内外不协调，在装饰材料的选取上，只注重表面，却很少考虑材料的安全、环保、卫生性，往往存在室内、室外设计不搭配的现象。

现代建筑装饰行业，从国内外宏观发展前景来看，装饰设计呈现出人文化、艺术化、实用化、动态化等特征。我国建筑装饰设计必须在适应此趋势下，创造出独具特色的设计。

（一）"以人为本"的建筑装饰设计

现代装饰设计一方面要满足人们的物质使用需要，另一方面要适应人们的精神需求，这就要求建筑装饰设计做到物质化人文设计和精神化人文设计。如果说建筑设计是对物质材料的运用，那么建筑装饰设计是对材料的美化。建筑装饰材料的质量是人们的基本物质要求，这就要求现代建筑装饰材料安全、有利于身心健康、功能实用和舒适，以保证人们的生活无污染，提升人和周围物件的亲近度。现代建筑中越来越多地将绘画、水文、田园等成分加入装饰之中，加强了人与自然的和谐度；装饰设计的空间越来越人文化，许多建筑采用高低搭配，略见自然的装饰模式，使得建筑装饰设置方便于人们，又能使人们感受到自然的存在。

（二）艺术化的审美建筑装饰设计

对美的追求是建筑装饰设计的出发点之一，建筑外观的美、室内环境的美，可以创造审美化的意境，提升人们的生活水平。现代室内设计运用物质技术手段和建筑美学原理，创造功能合理、舒适优美、满足人们物质和精神生活需要的室内环境。而建筑装饰设计将室内外环境一体化，创造出多层次的美。现代建筑装饰设计强调科学性和艺术性的结合，很多建筑装饰设计细微地推敲装饰设计中的造型、颜色、线型等因素，将色调搭配、造型突出、线型柔滑的建筑装饰设计展示出来，这就带来视觉和感觉上的美。

（三）建筑装饰设计动态化、时代化、可持续发展性强

在现代建筑装饰设计中，对时代化成分的注入成为一种趋势，以突出建筑的时代主题。但是，在迎合科技日新月异的大时代背景下，必须注重特色化、地区化、民族化的时代建筑装饰设计，这样不仅能提升建筑装修设计的质量，而且使时代化、标注性的建筑设计长久地处于建筑装饰设计的高峰，不因时间变化而对建筑装饰设计频繁修改，保证建筑装饰设计可持续发展。另外，时代是发展的，必须在建筑装饰设计中确定动态可变的观念，以发展的眼光来进行建筑装修设计，做到建筑装饰设计体现时代动态，以现代化的建筑装饰设计走在时代前沿。

（四）建筑装饰设计注重与建筑物使用性质相符

随着人们生活水平的不断提高，对建筑设计延续的建筑装饰设计的质量有了更高的要求。这不仅要求建筑装饰设计完美化，也对建筑装饰设计提出了更高的要求。所以建筑装饰设计要注重不同空间的功能定位，即住宅室内功能位于舒适、恬静、温馨，以生活化的标准来进行装饰设计；商业建筑室内功能位于严肃、协调、层次化等，以工作性的标准定位装饰设计。注重室内外建筑装饰设计的协调性，将设计功能性由建筑室外环境与室内环境的一致性体现出来。

二、建筑装饰设计的发展趋势

随着社会的发展和科学技术的进步，建筑装饰设计表现出以下几个发展趋势：

①动态可持续发展。建筑行业是国民经济中的支柱型产业，与我国经济发展有着很深的联系。随着建筑行业的不断发展，建筑行业对于资源和能源的消耗也在逐渐提升。现阶段我国正在积极地落实可持续发展战略，节能环保理念也深入人心，所以建筑装饰室内设计也需要跟紧时代的脚步，对设计手法和设计理念进行转变，促进建筑装饰室内设计领域的可持续发展。当今社会，人们的生活节奏不断加快，人们的生活需求也在不断增加，从而导致建筑装饰室内设计越来越复杂化。建筑装饰室内设计要呈现时代的特征，以满足现代人们的实际需求。

②科学性与艺术性的结合。社会生活质量以及科学技术的不断进步，人们的价值观以及对建筑装饰的审美观逐渐发生转变。建筑装饰室内设计人员在设计过程中可以充分运用当代科学技术的成果，如新的装饰材料、结构构成以及施工工艺等，通过与时俱进的技术创造出良好的装饰效果。设计人员需要及时改变自己的落后观念，了解人们的审美观念，并及时了解当前行业比较先进的声、光、热环境的设施设备。

③加强环境整体观念。现代室内设计环境装饰不再是简单地对原先单调的室内环境进行点缀，还需要注重对风格以及环境氛围的创造。现代室内设计理念需要从整体观念上理解，在室内装饰设计过程中需要将环境设计当作整体设计的一个环节。当前室内设计的弊端就是不同室内装饰设计相互雷同，缺乏整体设计的概念，设计思维局限于某种格局。未来设计理念的发展必然需要顺应时代要求，环境整体观也处于动态变化中。

④以满足人和人际活动的需要为核心。建筑装饰室内设计需要注重满足居民的实际需求。众所周知，室内装饰设计的最终服务对象是居民，居民在自己喜欢的装饰环境中更加有助于提升自身的身心建设，提高自身的精神文明建设。设计

人员需要将居民对环境的要求（包括居民的物质使用以及精神需求两方面）放在首位，避免自作主张，忽略居民的实际需求。

三、现代建筑业发展的趋势

（一）全球化

随着全球化市场的逐步形成，建筑工程行业的全球化程度越来越高。在北京奥运会和上海世博会这两大盛会的众多场馆中，都有国外设计公司、施工企业及承包公司与中国建筑企业跨国界、跨地域、跨文化的合作成果，至于材料、设备的全球化采购则已经成为项目建设的一种常态。

项目投资全球化、项目设计全球化、项目招标投标全球化、项目建设全球化、项目运营全球化等全球化合作给中国建筑业带来了巨大的机遇，同时给建筑业的技术、经济、法律等各个层面带来了各种挑战。不同文化的建筑师和工程师要协同工作，在若干年的时间期限和业主的预算范围内，把建设项目从无到有地实现，并且保证在几十年甚至上百年的时间内能够持续地按设计性能发挥作用。这就要求中国的建设项目参与方具备与外方能够协同工作的技术沟通能力及项目把控能力。

全球某著名设计公司的常务董事丹·威尼表示，该公司65%的收益都源自中国。这家美国公司目前在中国负责的项目大约有50个，总面积达到800万平方米，相当于旧金山整个商业办公区的面积。另外，该公司在中国的收益一年内增加了30%~35%。今后7年内，现有的140名员工也将扩增至500人。从这个侧面可以了解到，中国已经成为众多国际公司的首选市场。

（二）城市化进程

根据联合国人口发展报告的预测，中国的城市化率在2030年将达到60%，保守估计还需要新增3亿以上的城镇人口，这个城市化进程对能源与环境将带来巨大的压力。为了容纳新增城市人口，以及提高城市的宜居环境，就必须兴建大量的城市基础设施。仅以交通运输为例，据估计，到2025年，中国将有170座城市需要满足城市大众交通系统的规划要求，这将是欧洲该类城市数量的两倍以上。中国城市化的加速发展，给建筑业带来了巨大的发展空间和前所未有的发展机遇。近年来，与城市化相关联的高速铁路、城际铁路、高速公路、城市轨道交通、市政基础设施、城市改造、大型房屋建筑等基础设施建设显现出持续高速发展的趋势。2009年中国建筑行业增加值已经达到了22 333亿元，从业人员达2 000多万人。未来 50 年，中国城市化率将提高到 76%，城市对整个国民经济的贡献率将达到 95%。都市圈、城市群、城市带和中心城市的发展预示了中国城市化进程的高速起飞，也预示了建筑业更广阔的市场即将到来。

（三）可持续发展

可持续发展的概念由自然保护国际联盟于 1980 年首次提出。1983 年，应联合国秘书长之邀，挪威首相格罗·哈伦·布鲁德兰成立了一个由多国官员、科学家组成的委员会，对全球发展与环境问题进行了大跨度、大范围的研究，于 1987 年完成了著名的人类可持续发展报告——"我们共同的未来"。报告中将可持续发展描述成"既满足当代人需要又不损害后代人需要的发展"，强调环境质量和环境投入在提高人们收入和改善生活质量中的重要作用。

建筑业是典型的立足于消耗大量资源和能源的产业，对环境产生极大的负面影响。据统计，建筑业消耗了地球上大约 50% 的能源、42% 的水资源、50% 的材料和 48% 的耕地。

根据有关资料介绍，中国建筑业的建筑能耗占社会总能耗的 30%，有些城市甚至高达 70%。与气候条件相近的发达国家相比，我国建筑单位面积的采暖能耗高于世界平均值的 2 倍，节能压力非常大。因此，对我们国家来说，发展可持续建筑具有毋庸置疑的必要性和紧迫性，是整个国家可持续发展战略中的关键环节之一。

尽管人们认识到了当前的资源、环境和社会问题给行业所带来的机遇与挑战，但我国当前的建筑业还没有一个具体的可持续发展的战略和框架，对可持续发展的理念还处于理解和试验阶段，在政策制定和程序控制上还缺乏有力的机制和系统考虑。随着社会对可持续发展的要求越来越强烈，国内应该实行自上而下的战略，由行业的主管机构领导建筑业走向可持续发展，强化可持续发展知识的普及、专业人才的储备以及技术和评价工具的研究。

四、现代建筑业发展面临的机遇与挑战

近些年来，随着中国建筑行业的飞速发展，建筑业的技术水平和管理能力不断提高，以北京奥运会、上海世博会为契机，涌现出一大批以高、大、精、深为特征的标志性建筑，建造技术水平居世界前列。此外，公路、铁路、港口、机场等大量基础设施的建设，掀起了中国工程建设的热潮。

但是，建筑业效率较低，粗放型的增长方式没有根本转变，建筑能耗高、能效低是建筑业可持续发展面临的一大问题。同时，建筑业的信息化水平也比较低。虽然近些年来我国建筑业的信息化水平得到大幅提高，但整体还处于初级发展水

平，与国外信息化程度有一定的差距。建筑企业的科技投入仅占企业营业收入的0.25%，施工过程中应用计算机进行项目管理的不到10%。

随着中国建筑业全球化、城市化进程的发展，以及可持续发展的要求，我们将不可避免地面临众多挑战。应用BIM技术对建筑全生命周期进行全方位管理，是实现建筑业信息化跨越式发展的必然趋势，同时，也是实现项目精细化管理、企业集约化经营的最有效途径。

第四节　建筑装饰设计的发展前景

现代建筑装饰设计除了作为建筑设计的主要环节之外，还被看作是重要的精神文明，影响着建筑使用者的生活与工作的心情，代表了城市的整体精神文明等。但是，由于我国的建筑装饰设计起步较晚，发展速度也较慢，面对这一现象，建筑设计行业应该总结过去失败的经验，找寻新的出路。

一、遵循以人为本的原则

建筑装饰设计的目的是让建筑物的使用者可以生活、工作得更舒适，所以建筑装饰设计必须遵循以人为本的原则。而设计者不能为了达成个人的设计理念，而忽略建筑使用者的感官要求，必须从使用者的听觉、触觉、视觉、味觉等方面考虑。例如，卧室的装饰设计一定要符合人类舒适睡眠的特点，其整体风格与色调安排一定要让房主觉得赏心悦目，所以在选用装饰材料时，应该考虑隔声性能，以及是否具有有害物质。只有充分考虑这些问题才能确保卧室的装饰设计符合人类睡眠所需的环境。

二、注重与民族文化的有效结合

建筑装饰设计代表了当代人的文化层次与方向，但是随着全世界各地文化的交流不断加强，很多人采用的建筑装饰设计理念偏向于欧美地区、东南亚地区等。如果人们长期处于这样的环境中，时间一久，就会受到他国文化与风俗的影响，渐渐淡忘本国的民族文化与精神文明。

所以，在建筑装饰设计时，应该考虑当地的风俗民情，主要结合民族文化，确保本国的文化不被蚕食。同时，建筑装饰设计还是一个民族文化传承的重要承载者，在世界建筑行业内代表了中国的建筑优越性和地域性特点，体现了中国深厚的历史、民族文化。

三、根据建筑使用者，选择合理的装饰设计

建筑物的装饰设计风格应该符合建筑的用途。例如，商场作为销售商品的重要建筑物，其装修特点应该体现在灯饰上面，因为灯光对于陈设商品的影响较大；幼儿园作为年幼孩子的学习场所，应该根据孩子的特征，安排可爱、鲜艳的装饰设计，装饰设计材料还应该达到规定标准。

除此之外，不同住宅的房主不同，装饰设计人员应该学会根据房主的性格、工作、家庭成员等因素，综合考虑住宅不同房间的设计风格。由于建筑行业的发展，建筑装饰设计业的竞争压力不断加大，所以，合理的设计是拿下装饰设计合同的重要参考因素。这就要求建筑装饰设计人员能够根据不同使用者提供不同风格特点的建筑装饰设计方案。

四、采用经济、合理、新型的装饰设计材料

装饰材料的使用会影响整体装饰设计，建筑装饰设计人员应该合理选用装饰材料。首先，所有装饰材料应该符合健康无害的标准，确保使用者的生命安全；其次，应该根据装饰设计理念与要求选择最为合理的材料，确保整体设计质量与美观；再次，材料的选择应该符合性价比较高的原则，这样在设计招标阶段会提高自身竞争力；最后，可以选择新型装饰材料以增添设计的创新性。总之，选择最为科学合理的装饰材料可以提高建筑装饰设计的整体质量。

建筑装饰设计作为现代建筑设计的重要组成部分，其发展前景影响着建筑行业的发展方向。建筑装饰设计应该符合科学发展要求，坚持以人为本，凸显民族文化特征，注重差异性设计对于不同场所、不同人员的重要性。装饰材料的选择必须要符合绿色、经济、创新等原则。如此，建筑装饰设计不仅可以拥有稳定的发展前景，还能为我国人民提供舒适优越的生活、工作环境，增加全民生活的幸福感。

第七章 建筑外部装饰设计

第一节 建筑外部装饰设计的内容和任务

建筑外部装饰设计与室内装饰设计是一个设计的两个部分，两者协调统一才能构成完美的建筑形象。

建筑外部装饰设计包括建筑外观装饰设计和室外环境设计两部分。建筑外观装饰设计是指为建筑创造良好的外部形象而进行的建筑外观造型设计、色彩设计、材质设计、建筑局部及细部设计等。室外环境指与建筑主体相关联的外部空间环境，建筑物是室外环境的主体，而其他部分如广场、雕塑、绿化、小品等则是室外环境的辅助设施。

建筑外观装饰设计和室外环境设计是一个有机的整体，外部装饰设计过程中要统一考虑，协调处理。外部装饰设计是建筑设计的进一步深化和细化，其目的是创造一个良好的室外建筑空间环境。作为一项相对独立的设计，其特征体现在以下几个方面：

一、协调性

室外环境设计应从城市环境、室外景观整体出发，服务于建筑造型和室外空间意境及气氛的表现，对建筑起到渲染和烘托作用。建筑装饰设计不能脱离建筑和建筑空间环境而自成体系，应该与建筑及室外环境相协调、融合，成为一个有机的整体。

二、艺术性

外部装饰设计的目的在于创造一种理想的、具有审美价值的、与视觉特性有关的建筑外部空间形象。因此，外部装饰设计的过程就是一个艺术创造的过程，也必然要遵循艺术的创作规律，讲究对比、统一，比例、尺度均衡等。建筑外部装饰设计不同于一般的艺术设计，它与城市规划、建筑、景观、园林有直接的联系，同时也受到文化传统、民族风格、社会思想意识等诸多方面的影响和制约。

三、环境性

环境要素包括光线、形状、设备、设施等，它们构成了与人的各种关系。设计则是处理、协调人的生理、心理与环境之间的关系。外部装饰设计的实质就是通过对室外环境的美化处理，使之符合人们的生理特点和心理需求。设计师不仅要研究个体建筑的装饰处理，还需要把个体建筑放到外部环境中去，构建协调、统一、完美的室外空间效果。

随着科学技术不断发展和进步，人们对建筑工程的外部装饰施工质量提出了越来越高的要求，对施工单位的施工技术提出了更大的难题，涉及的施工量也显著增加。建筑工程外装饰施工的使用材料主要分为石材装饰材料、玻璃装饰材料、铝板装饰材料和保温层装饰材料。在项目工程施工建设过程中，对于有特殊需求的工程才会使用特殊的外装饰材料，一般外装饰工程施工过程中都采用上述几种材料，因此，在外装饰工程施工过程中会考虑很多施工的重点和难点。此外，在具体的项目工程施工过程中，还需要重点考虑一些细节问题，切实保证施工的质量。

外装饰工程中玻璃幕墙的气密性和水密性设计分析。首先，气密性设计分析。气密性主要是指在外界大气压的影响下，幕墙在关闭状态下外界空气渗透到墙体中的能力。通常情况下，在玻璃幕墙施工过程中，使用封闭胶和封条对玻璃幕墙进行封闭，这种封闭方式有良好的气密性。其次，玻璃幕墙的水密性设计分析。玻璃幕墙的渗透能力主要是指在风雨共同作用下，幕墙隔绝雨水的能力。在施工过程中，通常使用密封胶和密封条对其进行双重密封，所以它的水密性也是比较好的。在玻璃幕墙设计施工过程中，大多数都采用等压腔原理防止水分进入。一般情况下，玻璃幕墙如果采用了双重密封设计，就能够建立一个比较稳定的防水体系。

幕墙保温防结滴水设计分析。玻璃幕墙的节能保温作用是现今建筑工程施工过程中实现节能环保的一个重要组成部分。幕墙实现节能保温是通过各种有效的节能措施，在实际使用过程中尽可能降低对能量的消耗，从而保证能够获取较好的光照条件和温度条件。在玻璃幕墙节能设计过程中，使用比较频繁的是减少空气渗透量法、玻璃节能法等，这两种方法也基本实现了幕墙保温、防止结滴水问题的出现，这样在严寒的冬季基本上能够实现防止住户室内的热量向室外扩散，从而保证了室内温度，起到保温的作用。幕墙结构是建筑外装饰工程中的重要组成部分，其主要作用是保温和隔热。在幕墙保温结构设计和施工过程中，一定要保证幕墙结构的合理性，这样能够有效防止热传导现象的发生，从而保证幕墙结构应有的性能。

幕墙结构的防雷设计分析。按照建筑防雷设计的相关要求，建筑物防雷设计过程中，不仅要考虑建筑最顶层的雷击事故，还要考虑建筑物侧向的雷击安全。在外装饰幕墙设计过程中，玻璃属于重要的防雷装饰。合理的防雷措施和防止静电电流干扰可以有效防止幕墙被雷击，或者因为静电而导致失火，从而对整个建筑工程的正常使用发挥重要的作用，以保证建筑物的安全使用。在设计和施工过程中，根据相关防雷规范和幕墙防雷的技术标准，幕墙的预埋件钢筋和大楼楼板之间的钢筋是相互连通的，板楼的钢筋和建筑物主体防雷钢筋也是相互连通的。玻璃幕墙通过防雷垫片和建筑物固定的元件相连接，大楼主体的固定元件与预埋件相互连通，这样建筑工程的幕墙系统和建筑物主体防雷系统就能够连接到一起，从而达到防雷的作用。

幕墙的防腐设计分析。在建筑工程外装饰幕墙施工建设过程中，幕墙防腐设计十分重要，科学合理的防腐措施能够显著提高幕墙的使用寿命。在材料选择方面，应该选择耐腐蚀材料，对于钢结构零件和现场焊接的钢结构零件，在使用之前一定要做防腐处理。通常情况下，防腐材料主要有铝合金材料和钢结构材料。对于相应零部件是钢结构的，使用的密封材料应该是耐腐蚀的非金属材料。在不同的金属材料之间一定要设计一个绝缘垫片，以防出现电化学腐蚀现象。现场施工过程中，对预埋件进行埋设、转接和焊接时，焊接完毕后都应该及时在其表面均匀地涂上防腐蚀漆，再镀上两层锌。镀锌前做好钢结构元件的除锈工作，确保镀锌层的厚度维持在合理的范围内。

幕墙弹性连接方面的设计分析。幕墙作为建筑工程外装饰的一种独立结构系统，主要悬挂在建筑物主体的外侧，所以幕墙和建筑主体的连接结构设计十分重要。在幕墙连接结构设计过程中，弹性连接技术在幕墙设计中应用得比较广泛，其设计原理是通过平面内变形达到相应的变形性能和抗震性能标准，这两种性能要求建筑主体和幕墙连接处应该具备一定的位移能力。但是，很多生产企业为了降低生产成本，或者因为生产技术不过硬，总是回避这种结构要求，依然采用简单的、固定式的连接方式，从而给整个建筑施工带来了巨大安全隐患。在建筑物外侧所有起整体维护作用的幕墙系统采用弹性连接方式，能够保证幕墙在外力的影响下不出现各种不良问题。在具体设计施工过程中，幕墙结构和主体连接形式是主体—连接件—埋件结构。在竖向结构和建筑主体之间的转接环节中，可以采用螺栓连接。转换位置经常采用长条孔，连接栓可以在孔洞内横向滑动，其与连接件连接成功后，具有自动调节的功能。

幕墙节能环保性能设计分析。现代建筑外装饰幕墙不仅仅是一种简单的装饰和外围结构，而逐渐成为整个建筑的有机组成部分，越来越多地参与到整个建筑工程的功能性设计方面。建筑幕墙会对整个建筑的节能环保性能产生最直接的影响。因此，在幕墙设计施工过程中，在材料选择以及内部结构设计方面，都应该将环保因素考虑进去。幕墙环保设计是城市建筑的重要组成部分，外装饰材料又是幕墙施工的重要组成部分，因此，尽量选择无污染的材料，避免施工过程中对建筑物周围的环境造成污染。在建筑工程施工过程中，一般选择使用的材料有玻璃、铝材等对周围环境污染较小的材料，这些材料都可以实现重复回收利用。

第二节　建筑外部装饰设计的原则

外部装饰设计涉及城市规划、建筑设计、装饰设计、景观设计、园林设计等，除了要符合上述共性的设计要求外，还要遵循以下几项基本原则：

一、与建筑环境协调统一

建筑外部装饰设计应符合城市规划及周围环境要求。城市规划对街道两侧建筑布局、建筑设计、色彩等均有总体要求，这是装饰设计的基本前提。同时，建筑所处的地形、地貌、气候、方位、形状、朝向、大小、道路、绿化及原有建筑都对建筑的外部形象有着极大的影响。建筑外部装饰设计要满足规划要求，并充分考虑地区特色、历史文脉等要素，取得与原有建筑、室外环境的协调一致。如上海新天地商贸中心是一个在上海拥有近一个世纪历史的石库门里弄建筑群的基础上开发的项目。石库门建筑有着深厚的历史烙印，代表了近代上海的历史文化。开发商并没有简单地把建筑拆除重建，而是保留了石库门建筑群当年的砖墙、屋瓦，创造性地赋予其商业经营功能。今天，上海这片具有历史和文化的老房子已成为具有国际水平的时尚、休闲文化娱乐中心。

二、体现建筑的性格

建筑是为满足人们的生产、生活需要而创造的物质空间环境，不同的建筑有着不同的外观特征。外部装饰设计应结合建筑的性格特点，取得室内外设计效果的一致性，增强建筑的可识别性，提高建筑造型的多样性。

三、反映建筑的物质技术

建筑的体型和设计受到物质技术条件的制约，建筑装饰设计要充分利用建筑结构、材料的特性，使之成为装饰设计的重要内容。现代新材料、新技术的发展为建筑外部装饰设计提供了更大的空间，创造出更为丰富的建筑外观形象。例如，我国的国家游泳中心建筑采用了乙烯–四氟乙烯共聚物（ETFE）薄膜来表达"水"的主题，将 ETFE 附着在四个立面的泡沫状网架上，形成表现平静的"水体"含义的表皮。在夜晚，通过内、外部的灯光照射强化这一构思，使建筑形成通体晶莹而朦胧的效果。

四、体现时代感

建筑装饰设计与时代发展紧密相连，不同时代有不同的特征，建筑装饰也必然带有浓重的时代特征。随着科学技术的发展，人们的审美观念也在不断提高，因而建筑装饰设计师要不断更新自己的思维和知识，创造符合时代特征的设计作品。

五、符合经济要求

经济合理是建筑装饰设计遵循的基本原则。在保证装饰功能和装饰效果的前提下，降低工程造价是每一位设计人员的职责。

第三节　建筑外立面装饰设计

随着我国社会经济的快速发展以及人们生活水平的不断提高，人们对于建筑物的基本要求也在不断地提高。在现代社会中，建筑物不仅仅作为技术品供人们使用，同时，它也是一件艺术品。所以，建筑物不仅要满足人们日常生活以及生产等物质功能的基本要求，还要满足人们精神文化的相关要求。而建筑造型是建筑设计中的一项重要内容，是营造建筑美的主要手段。在建筑造型中，建筑体型、建筑立面是两个关键要素，它们是不可分割的两个关系体。建筑体型反映了建筑外形的体量、尺寸、比例等，是建筑形象的一个基础雏形；建筑立面是建筑外部形象的一个展示。一座兼具观赏性和功能性的建筑物必然有着优秀的建筑体型和立面设计，所以掌握建筑体型和立面设计的一般规律、方法是十分重要的。

建筑外部是由许多构件组成的，这些构件包括门窗、墙柱、阳台、遮阳板、雨篷、檐口、勒脚、花饰等。设计就是恰当地确定这些部件的尺寸大小、比例关系以及材料色彩等，并通过形的变换、面的虚实对比、线的方向变化等求得外形的变化与统一。

一、立面造型处理

建筑形态的特征主要依赖于它的形状来反映，形状能够使我们认识和区别对象。在设计中，色彩、质地、尺度等常作为辅助手段，使这一基本特征得到强调。世界各文化区域的传统建筑从千姿百态的屋顶轮廓，到丰富多彩的细部装修，都倾向于用生动的形状来表达。

（一）建筑整体形态的基本形式

一幢建筑物都是由一些基本的几何形体组合而成的，只有在功能和结构合理的基础上，使这些要素能够巧妙地结合成一个有机的整体，才能具有完整统一的效果。建筑的整体形态可以分解为点、线、面、体四种基本形式。

1. 点

（1）点的含义

在建筑立面形态构成的概念中，点是指构成建筑立面的最小的形式单位。在建筑的外立面中，建筑的窗洞、阳台、雨篷、入口以及外立面上其他凸起、凹入的小型构件和孔洞等在外墙面上通常显示点的效果。一些建筑师喜欢把这些具体的建筑部件转化为相对抽象的点、线、面来表达，或是作为形状、色彩、尺度等造型要素的代表，在建筑立面设计中起着呼应、联系、补充等作用，使建筑表达趋向完美。

（2）点在建筑外立面设计中的作用

建筑外立面上的点具有活跃气氛、强调重点、装饰点缀等功能，起着画龙点睛的作用。外立面上的点一般是间隔分布的，因而具有明显的节奏。窗洞是建筑立面上最富表现力的构件，建筑中常利用窗的自然分布形成点式构图。建筑立面上大面积密布的点窗可以呈现质感效果，还可以利用对立面的窗洞巧妙组织形成赏心悦目的图案。苏格兰议会大楼外墙面上的窗户由橡木窗框、金属百叶、甘奈花岗岩等材质组成，窗洞点缀着墙面，在外立面上有着明显的点的效果，使建筑锦上添花，在建筑立面中起到画龙点睛的作用。

2. 线

（1）线的含义

线是细长形的，与面、体相比，线具有明显的精致感和轻巧感。线有方向性和联系性，其形态变化可以构成多种线型。依其空间组合和编排形式，线型又可构成变化万千的式样。

线型的长短、粗细、曲直、方位、色彩的视觉属性所形成的伸张与收缩、雄伟与脆弱、刚强与柔和、巧与拙、动与静等感觉可以唤起人们广泛的联想和不同的情感反应。线有方向性，线的方向可以表示一定的气氛，如水平线的平静、舒展，垂直线的挺拔，斜线的倾斜、动态，曲线的柔美、精致等。

（2）线在建筑外立面设计中的作用

建筑外立面中线的存在形式大致有以下几种：

①实线。实线是线状实体形成的线，如梁柱等线形构件、室外墙面上凸出的线脚等。实线是立体的，有充实的体量感。

②虚线。虚线是线状空间形成的线，如墙面上的凹槽、形体间的缝隙等。

③色彩线。色彩线是建筑外立面中以色彩表示的线，如以材料的色彩区别的线、各种粉刷线等。色彩线是平面的，具有一定的绘画性，装饰感较强。

④光影线。光影线是光和影形成的线。由于光线通常是运动变化的，因而更具动感。光与影的变化构成了建筑立面的灵魂，既有阳光投射形成的横向条饰，也有内凹的深洞形成的光影变化，白色钢构架的天桥与红色的砖墙形成对比，也在建筑立面上产生了丰富的光影线。

⑤轮廓线。轮廓线是体面相交形成的线，如立体转折的棱线、建筑物的边缘线等。

在建筑外立面设计中，立柱、过梁、窗台、窗楹等构件及屋檐、窗间墙等部位都可形成立面线型。这些丰富多彩的线型可以构成造型优美的立面图案。

3. 面

（1）面的含义

面表示物体的外表。在建筑中，屋面、墙面、地面、顶的表面等一系列大大小小的界面展示给观者范围广阔、包含丰富的视觉图像，建筑形体表面的这种风采各异的展示是建筑物特有的语言表达方式。

（2）面在建筑外立面设计中的作用

面是构成形体空间的基本要素。面根据其存在和组合方式的差异可以构成不同形式的外部空间。在建筑中，地面与屋顶的高低起伏、墙面的曲直开阔，都影响着建筑空间的性质和形态。汉斯·夏隆设计的柏林爱乐音乐厅，在结构上拒绝矩形和对称，整个建筑物的内外形都极不规则，周围墙面曲折多变，而大弧度的屋顶面则易让人想起游牧民族的帐篷。

面具有与色彩、质感、尺度、方向、位置、空间相关的属性，设计中可以根据需要有针对性地强调某些性质，使其成为个性。

4. 体

（1）体的含义

与点、线、面相比，体是在三维空间中实际占有的形体的表达，具有明显的空间感和时空变动感。勒·柯布西耶在《走向新建筑》中这样写道："……立方体、圆锥体、球体、圆柱或者金字塔式棱锥体，都是伟大的基本形式，它们明确地反映了这些形式的优越性。这些形状对于我们是鲜明的、实在的、毫不含糊的。由于这个原因，这些形式是美的，而且是最美的形式。"

建筑形态的基本形式是规则的几何形体，这是因为建筑物是需要大规模就地实施的工程，它要求建筑物的形状尽可能规则，几何形体准确、规范，符合基本的数学规律，容易施工。在建筑立面的设计中，规则的几何形体常被建筑师直接采用。几何形体是构成建筑整体形态的基础，复杂的建筑形体多是由基本几何形体衍生出来的。常用的几何形体如下：

①方体。方体包括正方体和各种立方体。方体是规则的典范，垂直的转角决定了方体严整、规则、肯定的性格和便于实施、便于使用的特点。它以一种开放的形式面向四方，便于相互连接，可以向不同方向发展。由于上述种种优点，方体一直是建筑中应用最广泛的形式。

②圆体。圆体包括球体、圆柱、圆锥、圆环体、圆弧体等。圆是集中性、内向性的形状，在一般的环境中，它会自然地成为视觉中心。圆体均匀的转折表现一种连贯的、柔和的动感。

③角体。角体以三角体为代表，可以发展成多边体、棱柱、角锥。三角体的根本特征在于角的指向性，在棱柱、角锥一类形体中斜面与转角都具有明显的方向感。

（2）体在建筑外立面设计中的作用

体量感是体表达的根本特征。在建筑造型设计中经常利用体量感表示雄伟、庄严、稳重的气氛。

体在空间方位的变化传达着不同的视觉语言。垂直与水平、正与斜、间隔与位置都直接影响整体形态的表达。形体的尺度、形态、表面的质地、色彩对建筑立面的表达也有一定的影响。

（二）立面的虚实与凹凸的对比

建筑立面中"虚"的部分如窗、空廊等，给人以轻巧、通透的感觉，"实"的部分如墙、柱、屋面、栏板等，给人以厚重、封闭的感觉。建筑外观的虚实关系主要是由功能和结构要求决定的。充分利用这两方面的特点，巧妙地处理虚实关系可以获得轻巧生动、坚实有力的外观形象。

以虚为主、虚多实少的处理手法能获得轻巧、开朗的效果，常用于剧院门厅、餐厅、车站、商店、会展中心等大量人流聚集的建筑。以实为主、实多虚少的处理手法能产生稳定、庄严、雄伟的效果，常用于纪念性建筑及重要的公共建筑。虚实相当的处理手法容易给人单调、呆板的感觉。在功能允许的条件下，可以适当将虚的部分和实的部分集中，使建筑物产生一定的变化。桢文彦设计的螺旋大厦，将正方体、圆柱、圆锥、球体和网格等元素灵活地拼贴在一起，通过空间的凹凸处理使立面呈现出虚实的丰富变化。

由于功能和构造的需要，建筑外观常出现一些凹凸部分。凹的部分有凹廊、门洞等，凸的部分一般有阳台、雨篷、遮阳板、挑檐、凸柱、凸出的楼梯间等。通过凹凸关系的处理可以加强光影变化，增强建筑物的体量感，丰富立面效果。住宅、宿舍、旅馆等建筑常常利用阳台和凹廊来形成虚实、凹凸变化。

二、材质

材料质感不同，建筑立面也会给人以不同的感觉。材料的表面根据纹理结构的粗和细、光亮和暗淡的不同组合，会产生以下四种典型的质地效果：

①粗而无光的表面。它有笨重、坚固、大胆和粗犷的感觉。

②细而光的表面。它有轻快、平易、高贵、富丽和柔弱的感觉。

③粗而光的表面。它有粗壮而亲切的感觉。

④细而无光的表面。它有朴素而高贵的感觉。

材料质感的处理包括两个方面，一方面是利用材料本身的特性，如大理石、花岗岩的天然纹理，金属、玻璃的光泽等。日本建筑师横河健设计的光之派出所，在建筑简单的外形上用不锈钢管交错编制出精细的纹理，创造出光亮而又透彻的纹理。另一方面是人工创造的某种特殊的质感，如仿石饰面砖、仿树皮纹理的粉刷等。

三、色彩

建筑立面的色彩设计主要包括墙体、入口、门窗、地面、屋顶等的色彩设计，并考虑这几个部分之间的色彩关系。

（一）墙体

墙体在建筑立面中占有很大的比例，所以墙体的颜色很自然地成为建筑的主色调。墙体的颜色应注意与周边环境的色彩相衬托，并考虑建筑的功能。墙面的色彩设计可以分为明暗型、单色型和彩色型。

1. 明暗型

明暗型是指无彩色的黑白灰，黑白灰分明的明暗层次给人以丰富和条理清晰的感觉。明暗型很容易与各种色彩的建筑环境相匹配，在浓艳的色彩环境中，明暗型具有群体调节作用和自身强调作用。明暗型倾向于表现庄严、朴素的气氛。富邦人保总部的立面采用了灰色的石材，严丝合缝的干挂石材表达出公司严谨的经营理念，薄金属栅格以十字分割的方式镶嵌在石材之间，形成了轻与重、现代与传统的对比。

2. 单色型

单色型是指墙体采用单色调或单一色调再配以无彩色的类型。单色型具有单纯鲜明的造型效果，如米黄色、蓝色、淡绿色等。单色型由于其明暗、色调的差别可以形成丰富的变化，是建筑立面色彩造型中应用最为普遍的一种。

3. 彩色型

彩色型是指墙体采用不同的色彩，具有丰富多变的效果。在色彩设计时应注意不同色彩之间的协调，注意色彩面积对色彩协调的影响。在墙体上大面积采用高纯度的颜色容易使人感到疲劳，而大面积地使用低明度色彩又会使人感觉沉闷，以选用明度高、纯度低的色彩为宜。墙体在整个建筑中占有相当大的面积，从某种意义上讲相当于背景，因此，色彩种类不宜过多，否则容易产生杂乱无章的不和谐感。莱戈雷塔设计的圣安东尼奥公共图书馆，以基本的几何形体为主，以正方形为母体，配合三角形和长方形，色彩上各个相对独立的体量分别被涂以暗红、土黄、紫蓝等接近三原色的颜色，取得了强烈的视觉效果。

（二）入口

各种建筑由于功能不同，色彩的使用也多种多样。政府办公楼、金融类建筑表现的是一种稳重、大气的感觉，因此，色彩一般都使用浅灰、灰等一些素雅的色调；而宾馆、餐厅等一些需要表达与人的亲和感的建筑，色彩宜选用乳白、红、黄等一些温馨的色调。为了正确处理入口与整个建筑的色彩关系，入口可以使用调和色或同类色等达到一种整体美，也可以使用对比色来达到突出入口的目的。纽特林斯·瑞德克设计的魏曼打印机办公大楼，在建筑底层西南面设有超大型字母柱子支撑建筑的主入口，成为建筑的标志。墙体的凹入部分包有亮蓝色的墙板，与建筑上部印有字母的建筑立面形成对比，从而达到突出建筑入口的作用。

（三）门窗

墙体上门窗洞的形状、分布和色彩影响着建筑立面的构图。门窗的色彩造型可以使用以下几种方法：

①在门窗的局部构件上使用不同的色彩。罗西设计的费埃德里斯塔居住综合体中，在窗户与墙面的交接处，一个绿色的工字型钢梁将红色的砖墙和白色的窗框连接起来，由于工字钢的自身特点，端面是"工"形的，自然地形成了凹凸感，上下过渡得极为流畅。

②使用彩色玻璃和彩色墙面配合，共同创造建筑立面、营造室内彩色光线的效果。伦敦拉班现代舞中心在设计时，设计师把彩色的聚碳酯材料安装在透明或半透明的玻璃墙的外层，形成建筑表面在光线照射下产生的奇异的彩虹外观和精细微妙的变化，使建筑产生一种特殊的视觉效果。

（四）地面

一般情况下建筑地面的色彩不引人注目，通常能自然地与建筑物进行区分。但在可供人们观赏和停留时间较长的地方，地面的色彩设计就具有非同一般的意义。在人们休息逗留的广场，地面的色彩造型常设计成优美的图案，使人赏心悦目。道路的交界和入口附近的地面常用标志性的色彩图为人们指引方向。

（五）屋顶

屋顶也是建筑具有表现力的元素之一。在设计屋顶时除了屋顶自身的色彩之外，还应考虑与天空的色彩关系以及屋顶与墙体的关系。

建筑屋顶的轮廓是通过屋顶与天空的色彩对比显示出来的。天空一般呈现冷色调，也是室外最明亮的部位。当屋顶的色彩采用低明度时，与天空形成明暗对比，有利于表达屋顶的轮廓线，使建筑的上部形象更加清晰。当屋顶采用暖色调时，与天空形成色彩的冷暖对比，有利于加强建筑的鲜明感。在设计屋顶的色彩时，还应注意屋顶与其他建筑构件的关系，这样有利于形成建筑立面的整体感。

四、立面细部装饰设计

（一）入口

建筑入口是从室外进入室内的过渡空间。建筑立面的入口设计主要表现在建筑入口的空间形态、立体结构、构件设施等方面，通过对建筑入口的形态设计表达建筑的特征及美学意境，呈现出建筑给人的第一印象。

1. 建筑入口的构成元素

建筑入口的构成元素包括门、门口周边的界面、雨篷与门廊、台阶和坡道及周边铺地、附属设施等。

（1）门

不同功能、不同体量以及不同风格的建筑入口所选择的门的形式可以多种多样，如平开门、弹簧门、转门、感应门等。各种不同材质的门会给人带来不同的视觉感受。实体门突出了材料本身的色彩、肌理、光泽等特性，而玻璃门除了表现自身的材质外，在视觉上还将室内、室外的景观联系起来，使之相互渗透，形成丰富的层次感。

（2）门口周边的界面

门口周边的界面是建筑内外空间的分界。门口周边的界面一般采用两种处理方式，一种是实体的墙面，侧重于表现材料本身的色彩、肌理、光泽以及不同材料之间的搭配。位于得克萨斯州的斯特雷托住宅的入口的设计如下：门由锈蚀的金属板构成，与门周边的混凝土块等材质结合在一起，成为整个界面几何体的一部分。另一种是透明的界面，一般采用玻璃等透明的材质，重点表现内外空间之间的联系，形成丰富的层次感。汽车展示厅的入口一般采用简洁的透明玻璃门，它与周边界面的玻璃幕墙融合在一起，形成通透的视觉效果。入口处的吊桥设计以及带有一定倾角的红色弯曲雨篷突出了入口的位置。

（3）雨篷及门廊

雨篷是出挑于建筑物的遮阳挡雨建筑构件，在入口处形成一个遮蔽的空间。在雨篷边沿处设柱即形成门廊，为人们在转换室内外场所时提供一个必要的缓冲地带，以便停车、等候等。雨篷以及门廊被视为室内外空间的过渡。

雨篷出挑的距离受下列三种因素的影响：一是建筑功能的要求。人流、车流量较大的建筑如影院、商场、宾馆、医院等应设置较大的雨篷，而一些临街的商店建筑无法设置很大的雨篷。二是根据不同建筑的体量与形态的要求。建筑的体量大，雨篷的尺度也应大；建筑的体量小，雨篷的尺度也应相应偏小。三是根据城市建筑的红线而定。如建筑红线内有足够的空间，则可以做悬挑较长的雨篷；反之，则不能。

雨篷与门廊在建筑入口处可以形成丰富的虚实光影变化，可以设计多种造型，通常被处理成一种具有文化内涵符号的造型元素。

（4）台阶、坡道及周边铺地

台阶和坡道都是为了解决室内外高差而设置的，坡道更有利于安全和快速疏散，并可满足车辆通行。维尔·阿雷兹设计的克伊克警察局的外表面采用半透明玻璃嵌板，入口处为镀锌方洞，一端伸进建筑物内，另一端向外突出。入口处通过平台分别连接北侧的台阶和南侧的坡道。

入口处的铺地一般采用硬质铺装，铺地的色彩与图案要考虑入口的整体风格，并具有一定的空间领域感。在博物馆入口处，钢质的门廊与其地面弯曲的路面相呼应，从而限定了入口空间，而这条铺装在周边灰色砾石地面上的小路也将博物馆与街道连接起来。

（5）附属设施

附属设施主要包括休闲设施（桌、椅、凳等）、展示构件（标志牌、广告牌等）、安全设施（护栏、立柱等）、照明构件（灯架、灯柱、地灯等）、绿化设施（花池、花坛等）。

挑阳台一般采用混凝土栏板及扶手杆。有的挑阳台采用钢化玻璃栏板及不锈钢扶手，对外的通透性很强。南方地区的挑阳台很多不用栏板而采用圆钢或方钢栏杆做成各种图案，这种阳台的透风性能较好。凹阳台占用建筑面积，人的视野角度受限，外观效果不如挑阳台。在大型公共建筑中，有的挑阳台互相连通，形成外挑廊，可供顾客或游人活动及观景。

五、店面装饰设计

店面装饰设计一般是指商店外观的装饰设计。店面和招牌设计作为城市环境的一种形式，不仅具有视觉环境艺术的特征，其外观造型风格、色彩、材质也与城市建筑风格、街区环境有着紧密的联系。店面装饰作为城市整体环境艺术的一部分，与人居环境相互作用，形成空间艺术。店面装饰设计如同广告一样，醒目地显示着商店的名称和销售商品的品牌，代表着商店的特色。在繁华的商业区、商业街上，设计现代、风格突出、色彩醒目的商店店面、招牌设计起到强烈的视觉传达作用，诱导人们浏览和购买商品。简洁明快、风格突出、美观大方、色彩强烈又具有视觉冲击力的现代店面，对诱发和刺激消费者的购买心理起着很大的作用，也为美化城市环境的新元素。

（一）店面设计的原则

现代店面设计包括商业建筑整体形象、主入口立面、招牌、橱窗以及店外空间与景观设施等。通过格调鲜明的店面外部环境设计，准确表达商店的经营理念与特色，是设计师所追求的目标。店面装饰设计一般遵循以下原则：

① 彰显个性。店面装饰设计在与周围建筑的风格相统一、相协调的前提下，追求个性化的设计。针对不同的商业空间环境，巧妙地运用设计手法，创造丰富多彩、新颖独特的外观形象。

② 凸显商业特征。充分运用橱窗、招牌、店徽、标志、灯箱、海报、影像等商业化的装饰手段，凸显店面的商业特征，使其具有强烈的识别性、导向性和诱导性。

③ 动态发展。现代商业流行趋势与时尚风格瞬息万变，商店的装饰装修一方面趋向高格调、高品质，另一方面又以非常快的节奏变化。如何恰当地把握分寸，是设计者应考虑的问题。

（二）店面的识别性和诱导性

1. 识别性

店面的识别性指店面具有一种使人感知其经营内容和性质的形象特征。它通过店面的造型和醒目的匾牌、店徽、广告、橱窗、标志物等展示商店的内涵。店面的识别性在装饰设计中有着重要的作用，它不仅为消费者提供了方便，也激发了消费者的购物心理。

增强店面识别性的方法和途径主要有以下两个方面：

①通过店面的整体设计反映商店的识别性，如通过橱窗或大面积通透的玻璃窗展示商品。

②通过匾牌、店徽、灯箱、海报、影像等展示商店的识别性。这些都是商店经营性质、特色、品种等元素的直接表达。

2.诱导性

店面的诱导性指店面具有诱导购物行为、吸引招揽顾客的特性。在商业行为中，顾客的购物行为可分为主动购物和被动购物，如何吸引、激发顾客的购物欲望，是店面装饰的最终目的。

店面诱导性主要是通过诱导视线、路线和空间三方面来实现的。诱导视线指通过店面完美的造型和识别标志来吸引顾客视线。诱导路线指吸引购物者购物注意力并导向商店购物的流线。诱导空间指商店临街部分能吸引顾客进入的空间，如将店面凹进后形成一定的临街外部空间，并对此加以美化，形成顾客驻足、停留、观赏的诱导空间。

（三）店面造型设计

商业空间的立面造型可谓是千姿百态，设计手法多种多样，但以展示商店的功能特色为设计的总思路和原则。

1.设计思路

①根据经营的内容、性质进行构思。如中餐店可采用传统建筑的装饰手法，风味店可选择具有地方特色的装饰元素等。

②利用原建筑的风格进行构思。充分利用原建筑的风格，对其进行点缀和装饰。如我国很多仿古的商业街，这些店面应结合传统的装饰风格进行设计。

③根据隐喻和象征进行构思。如影剧院用胶卷齿孔来装饰周边，酒吧用酒杯或酒瓶的形象来设计。

④统一形象的构思。一些专卖店、专营店要求统一形象。如麦当劳快餐店一律采用统一的店面标志，格调一致。

⑤利用几何形体和构图原则进行构思。根据构图原则，利用几何形体的组合，创造生动、活泼、简洁、明快的店面形象。

2.设计手法

①立面划分比例、尺度适宜。店面的各组成要素之间比例、尺度应恰当，与人接触的人口、橱窗等应与人体的尺度相适宜。

②利用对比手法。充分利用墙面的虚实对比、光影对比、材质对比、色彩对比等设计手法，产生强烈的视觉效果。

③色彩设计醒目。色彩设计应与整个环境既协调又突出，大胆醒目，避免俗

气、呆板。

（四）店面材质

适用于店面装饰的材料种类繁多，目前常用的材质包括各类陶瓷面砖、石材、铝合金或塑铝复合面材、玻璃制品，以及一些具有耐久、防火性能的新型高分子合成材料或复合材料等。在装饰设计中应正确地运用材料的质感、纹理和自然色彩。同时，还应考虑其材质具有一定的坚固耐久性，能够抵御风雨侵袭并有一定的抗暴晒、抗冰冻及抗腐浊能力。

（五）店面照明设计

为使晚间人们能够易于识别，并通过照明进一步吸引和招揽顾客，诱发人们购物的意愿，店面照明除了需要有一定的照度以外，更需要考虑店面照明的光色、灯具造型等方面具有的装饰艺术效果，以烘托商业购物氛围。

商店室外照明方式可以归纳为如下几点：

1. 整体泛光照明

为了显示商店建筑整体的体型和造型特点，常于建筑周围地面或隐藏于建筑物阳台、外廊等部位，以投光灯作泛光照明，也可以自相邻的建筑物或构筑物上对商店建筑进行整体照明，但需注意尽可能不便人们直接见到光源。

2. 轮廓照明

以带灯或霓虹灯沿建筑轮廓或对具有造型特征的立面等作带状轮廓照明。

3. 橱窗、入口重点照明

一般以射灯、投光灯等对橱窗照明。以投射或以歇顶、发光顶等对入口的顶部照明。

4. 灯箱广告照明

灯箱广告是利用荧光灯或白炽灯在箱体内向外照明，灯箱的正面可以是玻璃。正面可用放大的广告照片或大型的彩色胶片贴布，也可直接用有机玻璃等材料，使箱面上的广告画具有强烈的光线色彩效果。灯箱广告的主要形式有灯箱招牌、橱窗灯箱、立柱灯箱、货架灯箱、指示灯箱和壁式灯箱等。

5. 霓虹灯照明

霓虹灯照明广告，渲染效果较好，视觉效应强。利用霓虹灯管艳丽鲜明的线条可构成漫画、图案、文字、拼音字母或外文字母等，还可根据需要灵活交替地变换发光，是极受商店欢迎的广告装饰手段。它具有设置灵活、方便、效果理想等特点，可用于店面、店内、橱窗、货架、天花板等处。

（六）店面标识设计

店面标识设计是指招牌、广告、店徽、标志等的设计，与入口、橱窗等一起构成了商店的识别性特征，体现了商店的特色和个性。

1. 招牌与广告

商店的招牌与广告具有最直接地向顾客传递商店经营范围和商品特色信息的作用，招牌与广告设置的位置、尺度、造型等都需要从商店的形体、立面，以及街区的环境整体考虑。招牌与广告应具有醒目、愉悦的视觉效果，力求色彩鲜艳、造型精美、选材精致、加工细腻、经久耐用。现代招牌的形式多样，按固定方式可分为悬挂式、出挑式、贴附式、单独设置四种。

①悬挂式。招牌和广告直接悬挂于商店外墙面或其他构件上，形式新颖活泼，容易引起注意，但其尺寸受到一定限制。

②出挑式。从商店外墙面悬臂出挑。

③贴附式。将招牌或广告牌直接贴附在墙面或玻璃上的方式，具有经济、灵活的特点。招牌一般由衬底和招牌字组成。衬底可用陶瓷砖、马赛克、大理石、有机玻璃、镁铝合金、不锈钢、玻璃等，招牌字可用铜板字、不锈钢组字、塑料组字、有机玻璃贴面泡沫字、吸塑发光字等。

④单独设置。以平面或立体的形式独立设置于商店前的地面或屋顶上。

2. 店徽、标志

商店店徽是商店的标志，通常可以采用中文、外文、拼音、图案等方式，与入口、橱窗一起构成了商店的识别性特征，为主动购物者提供选择上的方便，激发被动购物者的购物欲望。

第四节　建筑外部环境设计

一、绿化景观设计

绿化植物是建筑外部景观设计中的关键要素，是美化环境的重要手段，具有净化空气、调节和改善小气候、除尘、降噪等功能。

（一）绿化景观设计的基本原则

1.尊重自然原则

保护自然景观资源和维持自然景观生态过程及功能，是保持生物多样性及合理开发利用资源的前提，是景观持续性的基础。因此，因地制宜地结合当地生物气候、地形地貌进行设计，充分使用当地建筑材料和植物材料，尽可能保护和利用地方性物种，以保护场地和谐的环境特征与生物的多样性。

2.景观美学原则

突出景观的美学价值是现代景观设计的重要内涵。绿化设计必须遵循对比衬托、均衡匀称、色调色差、节奏韵律、景物造型、空间关系、比例尺度、"底、图"转化、视差错觉等美学原则，创作出既赏心悦目、富有审美特征又具精神内涵的自然景观。

（二）绿化景观设计形式

1.规则式

规则式是指景观植物成行成列等距离排列种植，或作有规则的重复，或具规整形状，多使用植篱、整形树、模纹景观及整形草坪等。花卉布置以图案式为主，花坛多为几何形，或组成大规模的花坛，草坪平整且具有直线或几何曲线型边缘等。规则式常有明显的对称轴线或对称中心，树木形态一致，花卉布置采用规则图案。规则式景观布置具有整齐、严谨、庄重和人工美的艺术特色。

2. 自然式

自然式是指植物景观的布置没有明显的轴线，各种植物的分布自由变化，没有一定的规律性。树木种植无固定的行距，形态大小不一，充分发挥树木自然生长的姿态，不求人工造型。植物种类丰富多样，以自然界植物生态群落为蓝本，创造生动活泼、清幽典雅的自然植被景观，如自然式丛林、疏林草地、自然式花池等。

3. 混合式

混合式是规则式与自然式相结合的形式，通常指群体植物景观（群落景观）。混合式植物造景吸取了规则式和自然式的优点，既有整洁清新、色彩明快的整体效果，又有丰富多彩、变化无穷的自然景色。

二、室外建筑小品设计

室外建筑小品是构成建筑外部空间的必要元素，是一种功能简明、体积小巧、造型别致、带有意境、富有特色的建筑部件。它们的艺术处理、形式美的加工，以及同建筑群体环境的巧妙配置，都可构成一幅幅颇具鉴赏价值的画卷。形成优美的景观小品起到丰富空间、美化环境的作用，并具有相应的使用功能。

（一）建筑小品的种类

建筑小品主要是指岸边适当位置点缀的亭、榭、桥、架等，设置古朴精致的花架，空挑出一系列高低错落的亲水平台，进一步增加水体空间景观的内容和休憩功能。建筑小品的种类甚多，范围也很广，根据其功能特点大致可以分为两大类，即兼使用功能的建筑小品和纯景观功能的建筑小品。

1. 兼使用功能的建筑小品

兼使用功能的建筑小品主要指具有一定实用性和使用价值的建筑小品，在使用过程中还体现出一定的观赏性和装饰作用。它包括交通系统类景观建筑小品、服务系统类建筑小品、信息系统类建筑小品、照明系统类建筑小品、游乐类建筑小品等。

2. 纯景观功能的建筑小品

纯景观功能的建筑小品指本身没有实用性而纯粹作为观赏和美化环境的建筑

小品，如雕塑、石景等。这类建筑小品虽没有使用价值，却有很强的精神功能，可丰富建筑空间，渲染环境气氛，增添空间情趣，陶冶人们的情操，在环境中表现出强烈的观赏性和装饰性。

另外，建筑小品按照艺术形式分类可以分为具体景观建筑小品和抽象景观建筑小品等。

（二）景观建筑小品的设计原则

作为外部空间构成的重要元素，景观建筑小品的设计应以总体环境为依据，充分发挥其作用，创造丰富多彩的空间环境。

①设置应满足公共使用的心理行为特点，小品的主题应与整个环境的内容一致。

②造型方法符合形式美的原则，要考虑外部环境的特点和设计意图，切忌生搬硬套。

③材料选择、安装要考虑环境和使用特点，防止产生危害、变形、褪色等，以免影响整体环境效果。

在景观设计中，根据环境功能和空间组合的需要合理选择和布置景观建筑小品，能获得良好的景观艺术效果。

三、室外水体设计

水是建筑外部空间艺术中不可缺少的、最富魅力的景观视觉要素。古人称水为景观中的"血液""灵魂"。有了水，就增添了活泼与生机，也更增加了波光粼粼、水影摇曳的形声之美。因此，在室外景观设计中，重视水体的造景作用，处理好园林植物与水体的景观关系，不但可以营造引人入胜的景观，而且能够体现出优美的风姿。

景观中的水体有两种，一种是自然状态下的水体，如湖泊、池塘、溪流、瀑布等；另一种是人工水景，如各种喷泉、水池等。由水景的存在形态可分为静态水景和动态水景。

（一）静态水景

静态水景指水体运动变化比较平缓、水面基本保持静止的水景。静态水景具有娴静淡泊之美，可形成镜面效果，产生丰富的倒影。静态水景通常以人工池塘等形式出现，并结合驳岸、置石、亭廊花架等元素形成丰富的空间效果。现代景观设计中更注重生态化设计，提倡"生态水池"的设计理念。

（二）动态水景

动态水景由于水的流动产生丰富的动感，营造出充满活力的空间氛围。现代水景设计通过人工对水流的控制（如排列、疏密、粗细、高低、大小、时间差等），并借助音乐和灯光的变化产生视觉上的冲击，进一步展示水体的活力和动态美。动态水景根据造型特点的不同，可以分为喷泉、人工瀑布、人工溪流、壁泉、迭水等。

在进行水景设计时，要注意以下几点：

①水景形式要与空间环境相适应。根据空间环境特点选择设计相应的水景形式，如广场体现热烈、欢快的气氛，适宜喷泉；居住区需要宁静的环境，适合溪流、迭水等。

②水景的设计尽量利用地表水体或采用循环装置，以节约资源，重复使用。

③水景的设计要结合其他元素，如山石、绿化、照明等，以产生综合的效果。

④注意水体的生态化，避免出现"死水一潭"或水质不良的情况。

（三）水岸景观

水岸是自然因素最为密集、自然过程最为丰富的地域，也是最具活力、环境最为优美的地段。水岸是散步、观景、谈天说地的最佳地段。水岸景观设计主要包括两个方面，一是水岸植物景观设计，二是岸边建筑小品的设计。

在水体岸边，一般选用姿态优美的耐水湿植物如柳树、木芙蓉、池杉、素馨、迎春等进行种植，以美化河岸和池畔环境，丰富水体空间景观。种植低矮的灌木，使池岸含蓄、自然、多变，并创造出丰富的花木景观。种植高大乔木，主要创造水岸立面景色和水体空间景观对比构图效果，同时获得生动的倒影景观。护岸可以用规则式或自然式，但不管哪种形式，都要以模拟自然水岸景观为目的。

第八章　建筑装饰设计的应用环节

第一节　建筑装饰设计的依据

建筑装饰设计作为一门综合性的独立学科，其设计方法已不再局限于经验的、感性的、纯艺术范畴的阶段。随着现代科学技术的发展，人体工程学、环境心理学等学科的建立与研究，建筑装饰设计已建立起科学的设计方法和依据。

一、人体尺度及人体活动空间范围

建筑装饰设计的目的是为人服务，满足人的活动需要是设计的核心，因此，人体的基本尺度和人体活动空间范围成为建筑装饰设计的主要依据之一，如室内门洞尺寸、通道宽度、栏杆扶手尺寸、室内最小净高尺寸、家具的尺寸等都是以人体尺度为基本依据确定的。同时，还要充分考虑在不同性质的空间环境中，人们的不同心理感受对个人领域、人际距离等因素的要求也不相同。因此，还要考虑满足人们心理感受需求的最佳空间范围。

二、家具设备尺寸及其使用空间范围

建筑空间内，除了人的活动外，主要有家具、设备、陈设等内含物。对于家具、设备，除其本身的尺寸外，还应考虑安装、使用这些家具、设备时所需的空间范围，这样才能发挥家具、设备的使用功能，而且使人使用方便、舒适，从而提高工作效率。

三、建筑结构、构造形式及设备条件

建筑装饰设计是对新建建筑或已经使用过的建筑空间进行再创造，因此，建

筑的结构、构造方式和设备等条件必然成为建筑装饰设计的重要依据。如房屋的结构形式、楼层的板厚和梁高、水电暖通等管线的布局情况等，都是进行装饰设计时必须了解和考虑的因素。其中有些内容如水、电管线的铺设，在与有关工种的协调下可做适当调整。而有些内容则是不能更改的，如结构形式、梁的位置与高度、电梯、楼梯位置等，在设计中只能适应它们。当然，建筑物的总体布局和建筑设计总体构思也是装饰设计时需要考虑的设计依据之一。

四、现行设计标准、规范

现行国家及行业的相关设计标准、设计规范及地方法规等也是建筑装饰设计的重要依据之一，如《商店建筑设计规范》《建筑内部装修设计防火规范》等。

五、已确定的投资限额和建设标准、设计任务要求的工程施工期限

由于建筑装饰材料、施工工艺、灯具等种类繁多、千差万别，对于同一建筑空间的不同设计方案，其工程造价可能相差几倍甚至几十倍。所以，投资限额和建设标准是建筑装饰设计的重要依据。同时，工程施工工期的限制也会影响设计中对空间界面处理方法、装饰材料和施工工艺的选择。

第二节　建筑装饰设计方法与程序

一、建筑装饰设计的方法

（一）建筑装饰设计的思维方法

设计的本质在于创造，创造的过程必然通过人脑的思维来实现。人脑的思维方式主要有两种，即形象思维和抽象思维。形象思维亦称具象思维，是借助具体的形象，运用联想、想象进行的思维活动。抽象思维亦称逻辑思维，是通过分析、综合，以概念、判断、推理的形式进行思维，以揭示事物的本质、规律和内部联系。

在装饰设计中，常常利用形象联想和概念联想来构思创造。形象联想是以某种关联形象为联想的出发点，从某一特征可能的发展与变化展开跳跃式联想，并以此类推，最终形成新的派生形象。概念联想则是由一个抽象的概念出发，运用类推、转化等抽象思维方法，从而产生一个全新的概念。

（二）图形分析思维法

建筑装饰设计属于一种图形创意设计，设计者必然要通过图形语言进行设计意图的交流与表达。图形语言也是设计者自我交流、激发思维的一种方式。掌握和运用图形分析的思维方法是设计者构思、推敲、表达设计思维的最佳方法。

设计中常用的图形分析思维方法如下：

①几何图形分析思维法。它多用于空间的功能关系和布局分析，具体又可以分为矩阵分析法、树形结构分析法、圆方图形分析法等。

②空间界面图形分析法。它主要用于空间平立面的形状、比例尺度、构图关系、细部造型等设计要素的推敲论证，通常进行多个界面草图的反复比较，促使设计师深化、扩展、完善设计思维。

③透视图空间效果分析法。它主要用于设计师面对非专业人士直观地表达设计意图，呈现最终空间效果，也用于设计师在设计中推敲空间关系。

（三）建筑装饰设计的方法

1.重在立意

立意即设计的总体构思，一项设计没有立意就等于没有"灵魂"，设计的难度也往往在于要有一个好的立意。因此，在具体设计时，首先要确立一个总体构思，最好是构思比较成熟后再动笔。时间紧迫时，也可以边动笔边构思。但随着设计的深入，应使立意逐步明确，不能随便否定最初立意。

2.围绕立意组织设计要素

在立意的基础上，围绕各设计要素收集、组织相关素材，如空间的组织形式、界面造型、材料质感与色彩表达、家具陈设选配等，并经过反复推敲比较，取舍、裁剪相关设计素材，形成初步方案。

3.方案比较与优化

在装饰设计过程中，方案的最终形成常常伴随着多种设计方案的比较分析、取长补短，经过反复推敲、优化整合以后，形成一个全新的设计方案。

4.设计的表达

设计构思最终要以图纸的形式进行表达。在设计的不同阶段，设计的表达形式也有所不同。在方案设计阶段，通常以方案图的形式表达；在施工图设计阶段，则以施工图进行表达。

二、建筑装饰设计的一般程序

根据建筑装饰设计的进程，建筑装饰设计通常可以分为四个阶段，即设计准备阶段、方案设计阶段、施工图设计阶段以及设计实施阶段。

（一）方案准备阶段

设计准备阶段主要接受委托任务书，签订合同，或根据标书要求参加投标；明确设计意图、内容、期限并制订设计计划。

明确、分析设计任务包括物质要求和精神要求，如设计任务的使用性质、功能特点、设计规模、等级标准、总造价和所需创造的环境氛围、艺术风格等。

收集必要的资料和信息包括熟悉相关的设计规范、定额标准，到现场调查，参观同类型建筑装饰工程实例等。

（二）方案设计阶段

方案设计阶段是在设计准备阶段的基础上，进一步收集、分析、运用与设计任务有关的资料与信息，进行设计创意、方案构思，通过多方案比较和优化选择，确定一个初步设计方案，通过方案的调整和深入，完成初步设计方案，提供设计文件。

初步方案设计的文件通常包括如下内容：

① 平面图（包括家具布置），常用比例 1：50、1：100。

② 立面图和剖面图，常用比例 1：20、1：50。

③ 顶棚镜像平面图或仰视图，常用比例 1：50、1：100。

④ 效果图（彩色效果，表现手法、比例不限）。

⑤ 室内装饰材料样板。

⑥ 设计说明和造价概算。

初步设计方案经审定后，方可进行施工图设计。

（三）施工图设计阶段

施工图既是设计意图最直接的表达，又是指导工程施工的必要依据，是编制施工组织计划及概预算、订购材料及设备、进行工程验收及竣工核算的依据。因此，施工图设计就是进一步修改、完善初步设计，与水、电、暖、通等专业协调，并深化设计图纸。施工图设计要求注明尺寸、标高、材料、做法等，还应补充构造节点详图、细部大样图以及水、电、暖、通等设备管线图，并编制施工说明和造价预算。

（四）设计实施阶段

在工程的施工阶段，施工前设计人员应向施工单位进行设计意图说明及图纸的技术交底；工程施工期间需按图纸要求核对施工实况，有时还需根据现场实况提出对图纸的局部修改或补充；施工结束时，应会同质检部门和建设单位进行工程验收。工程投入使用后，还应进行回访，了解使用情况和用户意见。

第三节　传统元素在建筑装饰设计中的应用

建筑装饰设计是一门综合性的艺术学科，集建筑技术与装饰艺术于一身。随着社会发展步伐的加快，人们的生活水平逐渐提高，对自身的居住环境、文化思想和艺术品位的需求与日俱增，建筑装饰设计也由单一型逐渐转向复合型。中国传统元素是中华民族所特有的，凝聚了中华民族的智慧，体现了中华民族的风貌和民族风俗习惯。将传统元素融入现代建筑装饰设计已逐渐得到一些专业人士的认可，也给现代建筑装饰设计注入了新的活力。笔者主要根据对现代建筑装饰设计的认识，谈谈传统元素在现代建筑装饰设计中的应用。

一、中国传统建筑元素的类型

（一）斗拱

斗拱在传统建筑中主要是在梁与柱之间起到传递负荷和支撑的作用。除此之外，斗拱结构精巧，具有十分重要的装饰作用。斗拱在众多传统建筑构建中有着独特的重要性，是传统建筑文化中非常重要的角色。

（二）门窗

在传统建筑元素中，门窗装饰一直都是体现建筑外观和形象的关键要素。门窗的作用主要使室内外空间产生一种关联效果，反映了古人对自由生活的向往。此外，门窗装饰还可以突出建筑整体的人文特色。

147

（三）屋顶

在传统的建筑装饰中，屋顶可以划分为庑殿顶、歇山顶、硬山顶、悬山顶、卷棚顶和攒尖顶六大种类。中国传统的建筑屋顶装饰主要有两大类：一是在屋顶构架连接的重要部位装饰脊条、吻兽等立体造型雕饰；二是通过屋瓦对屋顶进行美化装饰。

（四）阙、台基、华表、牌坊

中国传统建筑往往在布局中加入一些衬托性的装饰，以此突出建筑主体的恢宏气势。最常见的传统装饰元素有阙、台基、华表、牌坊等。阙主要起到衬托作用，台基增加了建筑主体的高度，华表衬托了桥梁、宫殿等建筑的气势，牌坊烘托了街道、寺庙的威严和肃穆。

二、传统元素在现代建筑装饰设计应用中存在的问题

中国传统元素在现代建筑装饰设计中的应用已逐渐成为人们关注的重点。现代建筑装饰设计与传统元素的完美结合能使人深深地感受到传统文化的魅力和艺术价值。随着传统元素的广泛应用，目前市场上充斥着对传统元素的片面理解和应用的各种产品。部分现代的建筑设计往往照搬照抄传统元素内容，机械地体现其中的内涵。这种机械性的复制只强调了具象而忽略了抽象，更重要的是忽略了传统元素的文化内涵和历史价值。

三、现代建筑装饰设计中传统元素的传承与发展

传统建筑装饰设计与现代建筑装饰设计之间存在密切的联系。建筑装饰必须体现生活和民族精神内涵，对传统文化的传承也是十分必要的，关键就在于如何用现代的方式对传统文化加以传承、发展。建筑装饰设计本身是一门复杂、开放的艺术，在新技术、新思想观念下不断发展、更新。要使中国传统元素在现代建筑装饰设计中更好地传承、发展，就必须在传统基础上取其"形"、延其"意"、传其"神"。因此，在现代建筑装饰设计中，对传统元素的应用需要注意以下四点：第一，注重建筑装饰设计的空间排序，使其在观赏性和功能性上达到统一，从而使整体空间的观赏性和功能性相互协调。第二，充分运用传统元素的艺术特征，将其作为建筑设计的载体，体现建筑艺术语言，保持纯粹的建筑艺术。第三，对传统元素的应用要灵活得体，使其与整体的建筑完美地融合在一起。传统元素应用得恰到好处，会产生画龙点睛的效果。第四，传统元素在建筑装饰设计中的

应用手法主要有色彩象征、方位象征、几何图形象征和形制象征。在利用传统元素表现民族风情、民族文化内涵的时候，需要利用元素的象征性。

我国有着悠久的建筑装饰设计历史，装饰是附加在构件上的一种艺术处理方式。现代的建筑装饰设计表现的不是对传统元素的复制，而是对传统文化的再创造。在现代建筑装饰设计中融入传统元素，大大提高了现代建筑装饰设计的审美价值和艺术价值，这也是建筑装饰设计发展的重要趋势。

四、中国传统吉祥图案的应用

中国传统吉祥图案是中国装饰艺术中一个重要的组成部分，吉祥图案的出现源于吉祥意识的产生，题材广泛，内容丰富，从远古图腾形式的出现，历经夏商周的青铜器，汉代的画像石、画像砖，隋唐的石雕，宋元的花鸟画、瓷器，明清的家具以及从建筑外观到室内陈设、从顶棚到地面、从彩绘到木纹雕刻等多种装饰形式，形成了一个丰富多彩的感官世界。

（一）吉祥图案的纹样

吉祥意识的产生源于先民对疾病、瘟疫和死亡等的恐惧，于是便有了畏惧或崇拜的对象，这是原始文化中的一个重要现象。图腾就是原始时代的人们把某种动物、植物或非生物等当作自己的祖先或保护神，是最早的社会组织标志和象征，用来作为本氏族的徽号或象征。

1. 龙纹

《左传·昭公十七年》载："太皞氏以龙纪，故为龙师而龙名。"龙文化是维系中华民族众志成城的精神纽带。龙是中华民族最古老的图腾，是沟通天地的吉祥瑞兽，是中华民族的精神符号和文化标志，是吉祥嘉瑞的象征。中国古代建筑大都是木结构，防火是第一要务，所以作为建筑外部顶部的吻兽如二龙戏珠等有避免火灾之意。

2. 凤纹

几千年来，凤一直被人们看作美丽和幸福的化身。凤作为吉祥、神圣的象征，是以传说中的凤凰为基础，以雉鸡、孔雀等为雏形幻构出来的一种神鸟形象，从某种意义上讲比龙纹更接近自然形态，更富于人性化，具有一定的情感因素，使人们在崇仰中更感亲近。

（二）吉祥图案的分类

我国传统吉祥图案的内容丰富，形式多样。依据图案内容可分为以下几种：

1. 植物花卉

植物种类非常多，古人认为花草的枯荣与人类有着重要的关系，因此，植物被赋予各种品格和气节。植物花卉包括葫芦、梅、竹、菊、牡丹、莲花等。

2. 神禽瑞兽

神禽瑞兽纹是依据吉祥文化所创作的装饰形象，神禽瑞兽以龙、凤、麒麟、狮子、十二生肖、孔雀、鸳鸯、蝙蝠等为代表。

3. 人物神话

人物神话包括神话传说或儒、释、道相关的历史人物和故事，将美好的愿望具体表达出来，包括福神、禄神、寿神、财神、罗汉、菩萨、女娲、三皇、五帝等。

4. 器物用具

器物纹大多由器物或祥云组成，多与道教、佛教有关，包括八宝、太极等。而描金镂花的明清家具、雕梁画栋的建筑和装饰感极强的器皿，其设计纹样和装饰本身就是造型的主要组成部分。

5. 文化符号

文化符号包括"福""寿""招财进宝"等。符号化的思维和行为是人类生活中最富有代表性的特征，如"天人合一"的思想用符号表示时，以太极图为代表，太极图的曲线表明古人顺应自然的思想，而黑白两色表明我中有你、你中有我，强调了人与自然的关系。

（三）吉祥寓意的表达

中国传统吉祥图案是中国古代社会各阶层寄托理想、心愿和情感的重要形式，吉祥寓意的表达通常有象征、比拟、喻示和谐音等。

1. 象征

象征手法是根据事物之间的某种联系，借助某人或某物的具体形象，以表现某种抽象的概念、思想和情感。如石榴象征多子多福，表达了古人求全、求美的心理，这种心理同样是现代人所拥有的。

2. 比拟

比拟就是把一个事物当作另外一个事物来进行描述、说明。如鸳鸯戏水比拟夫妻恩爱。

3. 喻示

喻示即寄托或隐含某种意义，寄托或蕴含的意旨或意思。如枣、花生、桂圆、莲子喻示"早生贵子"。

4. 谐音

谐音可以进行某种吉祥寓意的表达，它在吉祥图案中的运用也十分普遍。如葫芦谐音"福禄"，自古就是吉祥、福禄的象征，因葫芦果实里面有很多种子，所以葫芦还被视为繁衍生育、多子多孙的吉祥物。

建筑装饰设计是一种有目的的空间环境建构过程，也是一种运用图示思维解决矛盾的过程，不仅包括视觉艺术和施工技术方面的问题，还涉及空间组织、建筑风格、文化内涵等方面的内容。

中国古代建筑以木材为主要建筑材料，形成了世界建筑史中一个独特的体系，并且综合运用了我国传统的工艺美术、绘画、雕塑、书法等形式，以色彩、绘画相结合的鲜明外观形象和装饰手法著称于世。传统吉祥图案在现代建筑室外装饰设计中的应用主要结合现代材料与结构进行空间设计。如贝聿铭设计的香港中银大厦，其外形设计像竹子一样节节高升，象征着力量、生机、茁壮和锐意进取的精神，基座的麻石外墙代表长城、代表中国。

中国传统建筑装饰主要以木构架组合对空间进行分隔，我国古代建筑的彩画装饰多在檐下和室内的梁、斗拱、天花上。我国古代建筑装饰还体现在门、窗、藻井、天花等细部的精美做法，其都是利用装饰语言特有的表现方式体现和表达人们对美好生活的追求。

传统吉祥图案在现代可以通过对围合界面的装饰处理、选择具有传统图案装饰的室内陈设品等表现。传统吉祥图案在现代空间设计中的应用使设计既能满足人们对功能与美观的追求，又能体现传统文化特质，产生心理共鸣，进而体验作品所带来的人文关怀，满足人们更高层次的精神与心理需求。

我国传统吉祥图案与装饰纹样具有丰富的内容和样式，在诸多装饰图案中，总会有一些适合现代装饰材料、装饰风格以及人们审美追求并可以直接利用的吉祥图案元素。如几何图形、回纹或简单的植物纹样，其疏密有致、形式活泼。室内空间设计也常用书法字画进行装饰，它们均可直接表达吉祥寓意。

建筑装饰中常见的龙、麒麟、狮子等，通过雕、刻、画、描等形式，将吉祥图案和石雕、木雕、门饰等融入建筑装饰设计。例如，现代建筑门前辟邪的石狮给人以威严、肃穆和震慑感，荷花则喻示"出淤泥而不染"的高尚品格。

中国传统吉祥图案装饰元素符号的提取以现代的审美观念和认识对传统吉祥图案的一些元素符号加以改造、提炼和运用，使其更具时代特色。例如，各种书法或变体形式可以组成"百福""百禄"等，常与室内艺术品或屏风雕刻结合起来，体现书法艺术、民族艺术和传统文化，颇具意味。

中国传统吉祥图案代表着人们对美好生活的期望和追求。在现代建筑装饰设计中，设计师应注重文化的参与和渗透，传承几千年的优秀文化遗产，保护和发扬中华民族传统的艺术特色，汲取不同的艺术风格与设计形式。继承与借鉴传统吉祥图案、发展与应用传统吉祥图案，是对民族传统文化的延续，这对于现代建筑装饰设计具有重要意义。

第四节　建筑装饰设计中的问题及措施

建筑是人们生活中最熟识的一种存在。住宅、学校、商场、博物馆等都是建筑，纪念碑、候车廊、标志等也属于建筑的范畴。任何时候人们都在使用着建筑，谈论着建筑，体验着建筑。从狭义上讲，建筑是一种提供室内空间的遮蔽物，是区别于暴露在自然的日光、风霜雨雪下的室外空间的防护性构筑物。因此，可以简单地认为建筑就是房屋，能够提供居住、生活环境。但当我们仔细地体会和品位身边的建筑时，就会发现建筑物质形态背后蕴含着丰富的艺术、文化、社会、思想、意识的内涵。从广义上讲，建筑是一种艺术形式，是一种环境构成，是一种文化形态，是一种社会构成的显现……建筑与自然、社会、政治、经济、技术、文化、行为、生理、心理、哲学、艺术、宗教、信仰等科学之间存在着复杂的联系和各种各样的表现形式。

建筑是人类在长期的历史发展过程中创造的文明成果之一。人类从原始的穴居、巢居以来，伴随着作为遮蔽物的功能属性，建筑的审美也随之产生，作为艺术的建筑开始萌芽，建筑是最早进入艺术行列的一种。建筑几乎都具有实用功能，并能通过一定的技术手段创造出来，但几千年的建筑发展史表明，建筑的主体内容是一种艺术和审美的表达，甚至超出了功能和技术的控制范围，成为建筑的中心，因此，建筑从其起源时就具有了艺术特征。古典艺术家历来把建筑列入艺术部类的首位，把建筑、绘画、雕塑合称为三大空间艺术，它们同音乐、电影、文学等其他艺术部类有着共同的特征，即有鲜明的艺术形象，有强烈的艺术感染力，有不容忽视的审美价值，有民族的、时代的风格流派，有按艺术规律进行的创作方法等。

从广义上讲，建筑即建筑艺术，它们是等同的概念，正如绘画即绘画艺术，雕塑即雕塑艺术一样，因此，无论是庄严的教堂或纪念碑、文化性的博物馆或艺术中心，还是朴素的住宅、厂房等，任何建筑都是艺术的创造，都含有艺术的成分，都与社会的意识形态、大众的审美选择相联系，只是表现的形式与感染力的程度不同而已。

建筑艺术通过形体与空间的塑造，获得一定的艺术氛围，或庄严、或幽暗、或明朗、或沉闷、或神秘、或亲切、或宁静、或活跃等，西班牙建筑可比作光芒四射的朝霞，希腊建筑可比作阳光灿烂的白昼，伊斯兰建筑可比作星光闪烁的黄昏，这就是建筑艺术的感染力。

随着城市生活节奏的加快，人们的生活方式日新月异，如今优秀的建筑装饰设计不仅要具备产品使用的功能性，还要符合未来人们的生活方式和潜在审美需求。相对过去而言，现在人们的生活水平不断提高，人们对生活质量的要求也越来越高，对生活环境的要求随之提升。为了满足人们的需求，建筑装饰设计师也坚持不懈地为人们创造着健康、优美的生活环境。建筑装饰设计不仅受地域性差异的影响，也随时间变化，其影响因素还有风俗、技术、经济、气候、当地文化、历史信仰等。人们对新生活的诉求推动着建筑装饰设计逐渐走向现代化。建筑装饰设计主要是在有限的建筑结构中，对建筑的空间、平面等各方面条件进行合理的美化从而满足人们的需求。

一、当前我国建筑装饰室内设计的特点

我国是具有五千多年历史的文明古国，建筑装饰室内设计在我国已经有了较长时间的发展。现阶段很多设计人员在设计工作开展过程中，经常会应用一些传统装饰图案。传统装饰图案不仅呈现着多样化的设定，同时承载着我国的传统文化，以及优秀的传统美德，也是我国传统文化的重要组成部分。传统装饰图案的题材非常丰富，形式也很多元化，有的传统装饰图案是采用动植物的形体，有的则是应用书法和绘画等，将我国的民族特色展现得淋漓尽致。在现代建筑装饰中，很多设计人员会直接选取传统装饰图案应用到现代建筑装饰室内设计中，以提升现代建筑的美感。

二、当前我国建筑装饰室内设计中存在的问题及解决的途径

（一）存在的问题

1. 成本控制问题

成本控制是建筑室内装饰的重要组成部分，但是现阶段一些建筑施工企业在设计过程中成本控制意识较差，在思想上并没有意识到成本控制的重要性，导致建筑室内装饰成本控制困难。成本控制受多种因素的影响，如不同规模和功能的建筑对于建筑室内装饰设计也有着不同的需要，众多建筑装饰工程之间的可比性较差，不利于进行比较以控制成本；成本控制人员的工作态度消极，不能承担起自身的责任和义务，导致建筑装饰工程成本失控；建筑企业不注重责任制度的落实，当建筑室内装饰工程预算与实际支出存在较大差距时，相互推卸责任的情况普遍存在，很多规章制度还需要进一步的健全和完善；制度的缺失导致建筑装饰工程整体建设质量得不到保障，对相关工作人员的工作积极性也造成了一定的不良影响，对建筑室内装饰工程成本控制工作开展造成了很多阻碍。

2. 设计过程中存在的问题

一些建筑装饰室内设计工作人员的专业素质较差，在实际设计过程中受到自身专业知识的限制，经常会将很多简单化的设计理念用复杂化的方式呈现出来，对建筑装饰室内设计的美观性、实用性造成了一定的影响。对于很多建筑装饰室内设计而言，简约的风格更加容易塑造良好的氛围，增强建筑室内设计的美观性。例如，现阶段很多多年前的室内装饰设计仍然受到客户的喜爱，主要是因为这些室内装饰设计更多地应用了我国传统元素，贴合了人们的审美观和价值观，对于促进我国现代建筑装饰设计领域的发展也有着积极的作用。近年来，节能环保理念渐渐深入人心，所以建筑室内装饰设计人员在设计工作开展过程中，需要多维度、多方面地思考，不仅需要保障建筑装饰室内设计符合客户的审美观、价值观，还要加强建筑室内装饰的成本控制，并且注重建筑室内装饰的节能、环保性能，使得建筑装饰室内设计可以更加贴近自然。

3. 对建筑装饰设计功能性方面不够重视

随着人们经济收入的增加，在建筑装饰方面的投入也在不断地增加。各种新理念、新思想大量涌入推动了我国建筑装饰行业的发展与进步，因而建筑装饰行

业的各种技术问题愈发细化，对于建筑装饰从外观到质量提出了更高、更多的要求。很多设计师在没有完全吃透古代文化、对其内涵理解不够、设计能力不足的情况下，盲目地效仿、设计古代的装饰风格，为了达到金碧辉煌的效果，在装饰过程中使用大量光鲜亮丽的材料，规划不合理，材料盲目堆砌，其效果却不尽如人意，如出现整体感官不协调、装饰效果死板等现象，根本不能体现出建筑装饰设计的本质和内涵。

4. 材料选择不合理

装饰材料在选用的过程中需要注意环保性、实用性、安全性、卫生以及防火性能等。很多设计者在进行设计时一味追求材料的外观装饰性，却忽略了以上几点。在材料选用时，需注意墙体涂料、地板、墙纸等装饰材料可能会散发对人体有害的化学物质，存在安全性问题。有些材料外表光鲜亮丽，但属于易燃物品，达不到耐火要求，容易引起重火灾，日常生活中很多火灾都是因为装饰材料耐火等级不够而引起的。有些设计师在利益的驱使下偷工减料，放弃了自己的设计，违背了一个设计师的职业道德，导致出现各种问题。另外，在装饰设计时异种材料之间的衔接过于简单，没有考虑两者之间的合理衔接，导致最后的装饰效果达不到预期等。

5. 建筑装饰设计过分追求创新

有时为了追求建筑装饰效果的个性化和时尚性，设计师在设计的过程中也会不断地发掘新的思路和新的想法，一味地创新反而使得建筑装饰的功能性被忽略。在社会风气的推动下，当下流行什么元素就在设计中加什么元素，完全不顾设计的整体效果。这种设计虽然在一定时间内能够获得众人的喜爱，但经不起时间的考验。

（二）问题的解决途径

为解决在建筑装饰设计过程中容易出现的问题，我们可以从多个途径采取措施。

1. 培养高水平专业技术人才

首先，应该完善教育体系，加强对建筑装饰专业的重视，对相关专业人员进行系统、专业的培训以提高其设计水平。其次，培养和打造一批水平高、专业知识扎实、具有卓越的创新能力，并具备一定管理能力的高素质人才，从而使建筑装饰设计行业队伍得到壮大。建筑装饰设计专业是一个新旧更替节奏较快的专业，应培养从业人员良好的学习习惯，使其在工作的同时不断地吸取新的知识从而提高专业水平。最后，企业应加强专业人才的学习与交流，以提高其自身修养，提高其审美能力。

2. 把握设计理念，避免杂乱无章

发明创新是一个行业进步的动力，在建筑装饰设计行业也同样需要创新。创新不是盲目的抄袭，也不是一味地追求时尚与个性，更不能够钻牛角尖，要把握好设计的灵魂。对于一个设计方案，不好的地方应断然舍弃，根据设计本身的精华之处，合理地运用装饰元素，从而打造出自己的设计风格。在保证不丧失建筑装饰功能的前提下，整合民族特色，把握好先进的设计理念。

3. 提高管理水平

规范的管理制度是建筑装饰行业健康发展的必要条件，有关部门应不断更新和完善市场管理机制，发现问题及时做出反应。另外，还应加强对工程材料的监管力度，避免不合格产品流入市场。此外，建筑装饰的法规以及规范要根据动态化市场进行完善、修改和调整，为建筑装饰设计工作保驾护航。

4. 充分运用材料本身的特点

在建筑装饰设计中，建筑材料的应用方法往往会直接影响装饰效果。对材料的应用还要视其自身的特性、人们对其价值的习惯评价来具体而恰当地进行组织。任何一种材料都有自身的物理及视觉特性，这也就是人们常说的肌理效果，在掌握材料自身特性的基础上才能更好地发挥它的装饰性。如现代建筑中为表现工业化时代特点而善用光亮材料，如玻璃幕墙或大量金属饰材，这很容易让人因材料的挺括、光亮而感到时代发展的高速度与机械化。在表现田园、乡土气息的建筑中就喜用木材、毛石等柔软、粗糙的材料，让人们的感觉回归原始，追寻原生态。材料的合理搭配，使其在不同空间、不同光线作用下呈现不同的效果，这些需要设计师长年累月地用心积累经验。

建筑装饰具有保护建筑结构构件，美化建筑及建筑空间，改善建筑室内外环境，创造建筑及建筑空间风格，满足人们物质需要、精神需要、生理需要和心理需要等诸多功能。建筑装饰的效果是通过建筑室内外固定的表面装饰和可以移动的布置，与空间视觉共同创造的一种整体效果。作为专业的建筑装饰设计师，我们在进行设计时要将建筑要素与色彩、质感、光影、陈设等有机地结合起来，使建筑本体在整个自然环境、人文环境中创造出科学、美观、舒适、实用等具体功能的效果。

第九章 建筑装饰设计的内容
与设计要素

第一节 建筑装饰设计的内容

随着社会的不断进步和人民生活水平的不断提高，我国城市化建设获得了巨大的发展动力。在其快速发展的趋势下，对自然资源、生态环境等造成了巨大的影响和消耗。在科学发展观的支持下，通过节能的建筑装饰模式来缓解资源匮乏和环境压力成为建筑行业的重要任务。为了更好地促进环境保护和资源保护，同时积极推进我国建筑装饰设计行业的发展，根据国家的相关规定，在建筑装饰设计中引入环保理念，推出节能型建筑设计工艺成为我国建筑装饰设计的重要发展方向。

在人民生活水平不断提高的现代，人们越来越重视居住环境和生产环境。为了更好地满足人们的需求，建筑行业单一的设计方案已经无法满足当前社会的要求，因此，建筑装饰设计行业也就应运而生。建筑装饰设计是对建筑施工后的房屋进行独特的室内设计和装饰过程，是在建筑物完整结构的基础上进行艺术性和个性的完善和美化过程，从而满足用户的基本需求和心理需求。对于传统的建筑装饰设计而言，为了迎合消费者的心理需求，只是单一地对建筑物进行装修设计，不考虑其他影响和作用。随着科学发展观的提出，我国对于自然资源和环境的关注逐渐增加，在社会各个行业开始逐渐重视绿色化的消费方式。对于建筑装饰设计行业而言，加强绿色化的装饰设计逐渐成为建筑装饰设计的发展方向，加强建筑装饰设计施工过程中的节能化发展，对于社会发展和环境保护具有重要的意义和作用。

建筑装饰设计既有科学性，又有艺术性；既能满足功能要求，又能体现文化内涵。它所传递的是一种附着在空间实体之上的艺术审美理念，是人类建筑文化的集中体现。每一个建筑设计都与气候、地域、历史文化等相关，体现各具特色的艺术装饰风格的建筑仿佛是一个个凝固的音符，构筑着自然与城市的美丽乐章。建筑本身深藏的独特性在于其内部体量，建筑装饰艺术通过赋予这个空间以确定的外观，从而创造了其独有的天地。如何表现建筑主题、表达建筑空间、营造切题的时空氛围，是对每一个设计师的建筑艺术修养、建筑装饰设计手法与功力的考验。设计师的每一个设计都要既具功能适用性又体现精神及文化内涵。

公共建筑装饰是文化的产物，是人类艺术意志的体现。一个成熟的设计师应该在适当的地方使用合适的装饰。在中国，近十年的经济高速发展，给建筑业创造了极为广阔的发展空间，装饰业越来越引起人们的重视，而且对装饰工艺技术水平的要求也越来越高。如何适应这种局面是每一位从事和热爱这一行业的工程技术人员和施工人员需要面对的问题。建筑装饰设计是建筑工程设计的一个有机组成部分，是建筑或室内设计专业技术人员根据建筑物的功能及其环境的需要，为使建筑室内外空间达到一定的环境质量要求，运用建筑工程学、人体工程学、环境美学、材料学等知识而从事的一种综合性的设计活动。建筑装饰设计的内容主要包括：建筑物室内外各界面和各界面上与建筑功能有关专业及其设备、设施装饰(不含一般粉刷)以及与之相关的室外环境、绿化设计及经济概预算等。人们在物体的表面附加与结构和功能无必然关系的装饰物，其主要包括建筑雕刻、壁面、壁饰、建筑标志、建筑图案及装饰构成等。它的表面形成是多种多样的，应用范围也是非常广泛的，几乎涉及了所有的造型艺术形式，并应用到建筑的各种实体和空间环境之中。建筑装饰设计的含义就是根据建筑物的使用性质、所处环境和相应标准，运用物质技术手段和建筑美学原理，创造功能合理、舒适优美，满足人们物质和精神生活需要的环境。这一含义明确地把"创造满足人们物质和精神生活需要的环境"作为建筑装饰设计的目的。

设计是把一种计划、规划、设想通过视觉的形式传达出来的活动。人类通过劳动改造世界、创造文明、创造物质财富和精神财富，而最基础、最主要的创造活动是造物。设计便是造物活动的预先计划，我们可以把任何造物活动的计划技术和计划过程理解为设计。建筑装饰设计手法具有多样性，有的要取得安静、聚精会神、庄严的效果，如博物馆、纪念馆、会议室的设计就具有大气、安宁、发人深思的空间氛围；有的强调图案的连续性和韵律感，具有一定的导向性和规律性，多用于门厅、走道及常用的空间；还有的强调图案的抽象性，常用于不规则或布局自由的空间。对不同功能、不同风格的建筑空间所采用的装饰设计手法尽管不尽相同，但都可表现其独特性。在主体特色中适当融入其他风格的设计元素，并运用多种装饰设计手法，既衬托其主要特色风格，又不喧宾夺主，使建筑装饰空间表现得更立体、层次更丰富。

一、功能分区与空间组织

在建筑装饰设计过程中，依据建筑的使用功能、人们的行为模式和活动规律等进行功能分析，合理布置、调整功能区，并通过分隔、渗透、衔接、过渡等设计手法进行空间组织，使功能更趋合理、交通路线流畅、空间利用率提高、空间效果完善。

二、空间内含物选配

在建筑装饰设计过程中，依据建筑空间的功能、意境和气氛创造的需求进行家具、陈设以及绿化、小品等内含物的选配。这里的空间内含物不仅包括室内空间中的家具、器具、艺术品、生活用品等，还包括室外空间中的家具、建筑小品、雕塑、绿化等。

三、物理环境设计

在建筑装饰设计过程中，对空间的光环境、声环境、热环境等方面按空间的使用功能要求进行规划、设计，并充分考虑室内水、电、音响、空调（或通风）等设备的安装位置，使其布局合理，并尽量改善通风、采光条件，以提高其保温隔热、隔声能力，降低噪声，控制室内环境温湿度，改善室内外小气候，从而达到使用空间的物理环境指标。

四、界面装饰与环境氛围创造

无论室内或室外空间，都需要一个适宜的环境氛围。在建筑装饰设计过程中，通过地面、侧面（墙面或柱面）、顶棚等界面的装饰造型设计，充分利用界面材料和内含物的色彩及肌理特性，结合不同照明方式所带来的光影效果，创造良好的视觉艺术效果和适宜的环境气氛。如图所示，某西餐厅以壁炉、镜面、镶板、欧式圆拱门以及装饰纹样和线脚形成了风格鲜明的墙面装饰，水晶吊灯、壁灯、烛台、欧式餐椅及餐具、柔和的灯光、淡雅的色调进一步烘托出高贵优雅的用餐环境。

第二节　建筑装饰设计的要素

建筑装饰的设计要素主要有空间、光影、色彩、陈设、技术等，它们既相对独立，又互相联系。

一、空间要素

空间是建筑装饰设计的主导要素。空间由点、线、面、体等基本要素构成，通过界面进行构筑和限定，从而表现出一定的空间形态、容积、尺度、比例和相互关系。在装饰设计中，通过对室内外空间进行组织、调整和再创造，使其功能更完善，使用更方便，环境更适宜。空间合理化并且给人以美的感受是设计的基本任务，我们要勇于探索时代技术赋予空间的新形象，不要拘泥于过去形成的空间形象。

二、光影要素

人类喜爱大自然的美景，所以常常把阳光直接引入室内，以消除室内的黑暗感和封闭感，特别是顶光和柔和的散射光，它们使室内空间更加亲切、自然。光影的变换使室内更加丰富多彩，带给人多种感受。光照包括天然采光和人工照明两部分，人工照明是对天然采光的有效补充。光是人们通过视觉感知外界的前提条件，而且光照所带来的丰富的光影、光色、亮度及灯具造型的变化，能有效地烘托环境气氛，成为现代建筑装饰设计中的一个重要因素。

三、色彩要素

色彩是装饰设计中最为生动、最为活跃的因素。它最具视觉冲击力，人们通过视觉感受而产生生理和心理方面的感知效应，进而形成丰富的联想、深刻的寓意和象征。色彩存在的基本条件有光源、物体、人的眼睛及视觉系统。有了光才有色彩，光和色是密不可分的，而且色彩还必须依附于界面、家具、陈设、绿化等物体。色彩除对视觉环境产生影响外，还直接影响人们的情绪、心理。科学的运用色彩有利于工作，有助于健康。色彩处理得当既能符合功能要求又能取得美的效果。室内色彩除了必须遵守一般的色彩规律外，还随着时代审美观的变化而有所不同。不同的色彩配置可以营造不同的色彩情调和环境气氛。色彩是影响空间设计的重要元素，设计师对于色彩的感悟和运用是整个设计成败的关键因素。

四、陈设要素

室内家具、地毯、窗帘等均为生活必需品，其造型往往具有陈设特征，大多数起着装饰作用。实用和装饰二者应互相协调，争取求得功能和形式统一而有变化，使室内空间舒适得体，富有个性。室内软装是变化多样的，有极强的装饰效果，可营造和变换各种不同格调的装饰风格。在建筑空间中，陈设品用量大、内容丰富，与人的活动息息相关，甚至经常"亲密"接触，如家具、灯具、电器、玩具、生活器具、艺术品、工艺品等。陈设品造型多变、风格突出、装饰性极强，易引起视觉关注，在烘托环境气氛、强化设计风格等方面起到举足轻重的作用。如图所示，淮海战役纪念馆内的雕塑及四周浮雕带能一下子把人带入战火纷飞的年代，对英雄们的崇敬之情油然而生。

五、技术要素

日新月异的装饰材料及相应的构造方法与施工工艺，不断发展的采暖、通风、温湿调节、消防、通信、视听、吸声降噪、节能等技术措施与设备，为改善空间物理环境，创造安全、舒适、健康的空间环境提供技术保障，成为建筑装饰的设计要素之一。

建筑装饰设计是一门综合性很强的学科，涉及工程学、美学、社会学、心理学、环境学等多种学科，还有很多东西需要我们去探索和研究。设计的目的是为了满足人类的物质需求和精神需求。设计应该是艺术、科学与生活的整体性结合，是功能、形式与技术的总体性协调，通过物质条件的塑造与精神品质的追求，以创造人性化的生活环境为最高理想与最终目标。设计的实质目标不只是以服务于个别对象或发挥设计的功能，其积极的意义在于掌握时代的特征、地域的特点和技术的可行性，在深入了解历史、地方资源和环境特征后，塑造出一个既合乎潮流又具有生态科技含量的高品质生活环境。

第三节　材料与设计融合的特点以及在建筑装饰设计中的地位

一、材料与设计融合的特点

（一）材料与建筑风格相适应

现代建筑装饰材料的选择主要从装饰风格出发，力求满足人们的个性化审美需求。材料不仅要达到基本的环保标准，同时还要有风格化和个性化的特征，只有材料与建筑设计整体风格相配套，才能发挥出建筑装饰材料的作用。当前建筑装饰设计中强调材料给用户形成的整体印象，建筑装饰设计师追求的是实用性与审美性的结合，即在保证实用的基础上，更好地在设计中体现出审美特质，满足用户独特的审美艺术享受需求。艺术审美目标的实现来源于对建筑装饰设计材料的设计与制作，无论是传统的建筑材料还是新式材料，都需要通过建筑装饰设计师对建筑的结构与风格进行整体性的整合，这样才能发挥出建筑装饰材料的实用价值，使建筑装饰材料在设计中实现美感的极致发挥目标。

（二）材料与建筑空间相整合

建筑材料与室内空间相融合成为现代建筑装饰设计领域的重要原则，尤其是在建筑内部空间领域的装饰设计中，只有结合建筑的顶部与墙体特征进行空间构成的装饰设计才能形成整体风格，更好地满足用户的实际需求。建筑装饰材料的颜色、造型、材料必须与建筑的空间构成相适应，围绕着结构选择不同的装饰元素，这样才能构成独特的建筑装饰风格。只有围绕着具体的空间结构施行不同的材料搭配，才能体现出不同建筑装饰材料的信息，由此达到理想的设计效果，发挥出特殊设计的材料的独特价值。不同的建筑材料会给用户呈现出不同的感官享受，只有与建筑空间特点相结合，才能体现出材料的价值。例如，木质装饰材料主要来增加温暖感，可以用于客厅和居室的装饰。而大理石和金属材料的质感较强，主要表达冷色调，因此可以用于大厅或厨卫等空间的装饰。这些不同的设计组织形式呈现出不同的风格，设计人员应当根据材料的特点与具体的空间进行有效整合。

（三）材料的美学特点与建筑设计相适应

材料是表达设计者理念与思想的直接载体，现代建筑装饰设计更注重发挥出材料的美学特征，注重运用材料的特点来表达独特的设计理念。现代建筑装饰设计注重传统材料与新材料相融合，运用合理的材料搭配方式来提高建筑空间的科技感，以满足用户对现代品质生活的追求。现代建筑装饰设计中的工艺理念日益突出，它强调在材料的加工过程中，使新材料既能够体现出传统材料的质感，又降低材料的污染指数，这样更有利于实现材料的创新使用目的。只有实际技术与艺术相融合，才能提高装饰的独特性与创新性。

二、材料在建筑装饰设计中的地位

材料在建筑装饰设计中处于基础地位，材料是建筑装饰设计操作的基本元素和前提，只有选择符合需求的材料，才能呈现出理想的建筑装饰设计效果。不同的建筑装饰材料可以形成独特的建筑装饰设计风格，任何风格的建筑装饰设计都离不开具体建筑装饰材料的支持。随着现代建筑装饰材料技术的快速发展，在保证实用功能的基础上建筑装饰材料的选择往往从其风格特征出发，要求体现出建筑装饰材料的审美特征。随着现代建筑装饰设计的发展，建筑装饰设计的基本要求与理论会对建筑装饰材料的发展产生重要的影响，建筑装饰材料的发展理念会参照现代装饰设计理论，并不断研发出新的材料。

建筑装饰设计主要是对建筑进行造型和规划，从而来装饰建筑与美化建筑空间，建筑装饰设计在建筑工程中发挥着十分重要的作用。一般而言，建筑装饰设计不仅能够使建筑的节奏感以及层次感有效体现，还能够烘托出美好的气氛以及意境，使人们能够在舒适的环境中居住。目前，社会经济的发展使得生态问题日趋严重，资源匮乏、臭氧空洞以及全球变暖等问题直接影响着人们的身心健康。建筑作为人类生存不可缺少的物质条件，为了实现社会的可持续发展，在建筑装饰设计中应充分运用生态理念，有效呈现出统一、和谐以及生态平衡的建筑装饰景观，构建资源节约型、环境友好型社会。

随着社会经济的发展，我国的房地产也在不断发展，导致建筑装饰设计出现不够环保的现象。目前，我国对生态环保在建筑装饰设计中的应用越来越重视，并对其相关的政策和法律不断加以完善，提出了一系列环保政策，建设"环境友好型、资源节约型"社会，禁止高资源消耗、高能耗以及高污染的装饰材料的使用，走可持续发展的道路。如我国积极推广使用新能源，推广运用优质的环保产品，对环保的建筑装饰材料进行大力开发和利用，对产品质量加强监督，营造出了较好的宏观环境。在这种环境之下，对建筑装饰进行设计的过程中，有效应用生态理念能够将生态理念的优势和作用得以充分发挥出来，实现建筑行业的可持续发展，构建资源节约型、环境友好型社会。

建筑装饰将建筑艺术与造型艺术的特点进行融合，并对建筑进行装饰，从而美化建筑空间。一般建筑装饰的构成元素包括水池、花墙、道路、广场、内庭、天花、庭院、空间、地面、隔层、建筑内外墙体以及其他建筑物的构件等。建筑物的任何元素都无法单独存在，彼此互相促进，相辅相成，从而共同形成装饰设计系统。建筑装饰的表现形式具有多样性，几乎渗透到了所有的建筑和造型艺术中，其主要包括建筑图案的装饰、壁饰、雕刻、建筑壁画、室内装饰以及室外装饰等。

生态理念一般属于生态方面的理论，其目的是有效保证经济与环境的共同发展，促进人与自然和谐、统一发展。生态理念主要表现在走低碳路线、开发利用可再生资源、使用绿色环保材料、对材料进行回收后再使用等方面。要想有效保证生态环境的最优质量，对环境进行有效调控，必须要充分发挥出人的主观能动性，并深入了解生态理念。一般而言，生态环境质量能够对生态环境的情况进行直接反映，生态环境质量主要指的是在某个具体的环境中，生态环境的某部分或整体能够有效适应人类生存繁衍和社会经济发展。生态理念应用在建筑装饰设计中的特点主要体现在四个方面：①综合性与科学性的特点；②环保性与节能性的特点；③健康性与安全性的特点；④效益性与经济性的特点。

生态理念应用在建筑装饰设计中，具有较强的综合性和科学性的特点。在对建筑装饰进行设计的过程中，要结合生态学原理的基本原则，不断创新建筑装饰设计理念，有效应用生态理念，并不断引进先进的理念，对建筑进行统一与综合的生态化设计。在建筑装饰设计中充分运用生态理念，能够有效地体现出较强的环保性以及节能性，促进建筑材料向更为环保的方向发展。在对建筑装饰进行设计的过程中，应用生态理念的目的是保护自然环境，对资源、能源进行优化整合，以实现可持续利用，减少对自然生态环境的破坏，确保建筑与自然生态环境的和谐统一。在建筑装饰设计中充分应用生态理念，能够有效确保建筑工程的健康性以及安全性。

在对建筑装饰进行设计的过程中，要想充分应用生态理念，必须要从以下几个方面着手：①以人为本，重视人的感觉；②对文化、社会、经济以及生态之间的关系进行综合考虑；③使用绿色装饰设计；④有效引入高新技术；⑤尊重当地环境的自然属性。由于人能够感觉到干湿和冷热，因此在对建筑装饰进行设计时，必须要对当地的地域性以及气候进行综合研究和考虑，确保人体能够适应当地的气候环境。同时在对建筑物的室内进行设计时，要对朝向进行仔细考虑，确保客房、卧室以及厨房的阳光充足，具有较长的日照时间，并有效保证室内的通风，室内的湿度和温度能够适应人体的需要，从而使空气质量得以提升，营造出健康、舒适的居住环境。此外，在建筑装饰设计中，必须要确保照明环境较为良好，如果自然光线不够适宜，必须要科学合理地选择照明设备，并采用绿色照明网。在对照明进行设计时，可以结合室内空间的用途、个人的喜好和生活行为等加以设计。

一般而言，整体环境具有不可分割性，在对建筑的总体布局进行设计时，必须要有效凸显出人与自然的和谐统一，采用平衡设计将建筑艺术的和谐美进行有效展示。从生态建筑的角度而言，生态效益与人类身体健康相互影响，因此，我们必须尊重自然，将建筑环境与自然环境进行有效融合，以确保经济、社会以及自然的综合效益的实现。

在对建筑装饰进行设计时，往往会存在一些生态问题，导致建筑装饰设计工作无法顺利进行。为了有效保证建筑装饰设计工作的正常进行，必须要在设计过程中引入高新技术和生态技术，同时对具体存在的问题进行深入分析，以建筑的功能要求为依据，选择适合的技术进行设计。在对建筑装饰进行设计时，可以结合当地的情况就地取材，充分利用本地的建筑材料，并选用天然的建筑材料。同时大力开发利用可再生能源，对于可再生的地方性建筑材料进行最大限度的使用，这样能够避免使用高破坏、高能耗以及产生放射性和废物的建筑材料。

将生态理念运用到建筑装饰设计中具体体现在以下三个方面：①光能的顶棚装饰设计；②墙面的围护结构设计；③地面的装饰设计。一般生态理念在建筑装饰设计中的应用能够使矿物资源的使用率降低，有效保护自然环境，从而营造出舒适、健康的居住环境。

在对光能顶棚装饰进行设计时，可以从两个方面着手：①将光能转换为热能和其他能源，能够对洁净能源进行直接使用，并在建筑装饰设计中有效引入热能和其他能源，降低建筑装饰设计对不可再生能源的使用率；②尽可能使用自然光线，这样能够使人工照明的能源消耗有效降低。在选择建筑的采光方式时，可以在顶棚设计中利用诱导式采光，最大限度地利用自然光线，以降低能源消耗。

建筑物室内的物理环境以及视觉环境能够直接决定建筑装饰的室内环境，其中物理环境主要包括声、光、湿、热等。一般而言，在对建筑的围护结构进行设计时，可以利用建筑装饰的室外和室内的湿热因子之间的相互作用，从而使室外和室内的能量进行传递和质量迁移。在冬季时，能量是从室内传向室外，室内能量会损失，因此要想有效补充室内的能量，可以通过采暖来实现。而夏季的情况则相反，能量是从室外传向室内，室内的能量增多，导致温度升高，因此可以采用制冷的措施，有效抵消室内的能量。如果建筑装饰设计的隔热性能和围护结构良好，则可以省去冬天的采暖和夏天的制冷，从而节约能源。

对建筑地面进行设计时，必须要调节室内整体的生态系统。一般而言，要想有效调节室内的温度，可以通过隔空地面，并将引风系统安装在隔空的夹层中，这样可以利用室外的空气来有效调温度。在国外，在调节室内空气的温度时，分层技术的应用较为广泛。此外，在地面的装饰设计中，较为常用的就是地板的加热系统。对地板整体进行加热，以确保室内整体环境的均衡，这样能够有效避免传统供暖或空调系统使室内各处气温不一致的现象发生，有效提高了室内环境水平。对于地面的装饰设计，采用地板加热系统能够提高热能利用的效率，节约资源。

在建筑装饰设计中有效融入生态理念，如光能的顶棚装饰设计、墙面的围护结构设计以及地面的装饰设计等，能够有效节约资源和能源，保护生态环境，维持生态平衡，从而实现建筑与自然和人类的和谐统一。生态理念在建筑装饰设计中的应用越来越广泛，为了有效促进建筑行业的可持续发展，必须要不断引进先进的生态理念和生产技术，从而构建资源节约型、环境友好型社会。

第十章　材料发展对建筑装饰设计的影响

第一节　传统材料的发展与新用

　　建筑装饰设计是社会科技与文明发展的标志；是人类利用自然、改造自然、创造美好人居环境，使精神文明与物质文明相结合的产物，具有技术与艺术双重属性。近几十年来，我国大面积推进新型城镇化、美好乡村等项目建设，建筑行业得到迅猛发展，建成了大量的商业建筑与住宅，有力地推动了建筑装饰行业的发展。随着科技的进步与发展，人们对提高人居环境质量的愿望越来越强烈，以及低碳、环保、可持续性行业发展的要求，建筑装饰材料的更新、发展、综合性应用都得到了不同程度的发展，主要表现在以下几个方面：传统建筑装饰材料的新用、绿色材料、智能材料、新型节能环保材料的应用等。这些新材料的出现对建筑装饰行业产生了深远的影响，材料的发展对建筑装饰设计有着举足轻重的作用，引领着建筑装饰设计的发展潮流。

　　材料发展是人类社会物质文明发展的最直接体现，它随着人类社会的发展与科学技术的进步而不断更新、发展，如从远古时代的石器、陶器到近现代的钢铁、玻璃等材料的广泛应用，再到当下各种节能材料、环保材料、智能材料的普及与运用。无论是最传统的自然材料还是当下的工业材料，都是现代建筑装饰设计中的重要组成元素。在现代建筑装饰行业高速发展的今天，建筑装饰材料的选择不仅要考虑强度、硬度、环保、美观等方面，还要考虑声、光、电等的技术要求。熟练掌握材料的特性并综合考量，创新性地运用传统材料是建筑装饰设计的一个重要发展方向。

　　材料的性能、质感、肌理和色彩是构成环境的物质因素。从系统论的角度看，任何人造环境都是一个由各种材料以一定的结构和形式组合起来的、具有相应功能的系统。材料、结构、形式和功能是空间环境不可缺少的属性，它们从不同侧面规定、制约并构成了一个完整的环境。

材料是空间环境的物质承担者。人们在长期的生活实践中，发现了自然中所存在的物质美的因素。我国春秋时期著名的《考工记》中"审曲面势，以饬五材，以辨民器"就是强调先要审视材料的曲直势态，根据它们固有的物质特性来进行加工，方能制成自己所需之物。《考工记》提出了生产劳动的四个条件：天时、地气、材美、工巧，认为优良的材料是人们制作、生产的前提。《荀子》中也提到金属工艺要"刑范正，金锡美，工治巧，火齐得"。其中"金锡美"也是材美的具体化。

在现代环境设计发展的进程中，第一代设计师在材料的运用上给人们留下了丰富的宝贵遗产。密斯·凡·德·罗设计的美国范斯沃斯住宅是一座颇能代表"密斯风格"的作品。这座以钢与玻璃为主要材料的私家别墅以八根工字钢夹持地板、阳台和一层层顶板，四周为透明的大玻璃，简洁、纯净到极限，模糊了与外部环境的界限，室内环境与周围环境融为一体；住宅中央有一小块封闭的空间，内藏设备、浴室与厕所，除此之外，再无固定的分割与遮掩。这座精致的"玻璃盒子"充分体现了密斯"少就是多"的设计美学意蕴。美国建筑大师赖特在1936年为宾夕法尼亚匹茨堡市的考夫曼设计的流水别墅，其立面表现了平行与垂直、显隐与进退错综交差的板状阳台和附属空间，室内假借材料的变化来显示和区别各种不同用途的空间以及取得内、外空间与不同空间的统一和联系，玻璃与石墙得到了恰到好处的对比。平台、瀑布和周围的墙石、丛林、溪流纵横交融，表现了赖特运用建筑材料的驾轻就熟，对生活场所融入自然的理解，以及刻意打破箱形建筑及找出建筑的内部空间作为建筑实物体的表现方法。

设计师对材料的认识是优秀环境设计的前提和保证，在设计教育中，早在1919年成立于德国魏玛市的公立包豪斯学校，在其教育体系的预备部（基础）课程中十分重视材料及其质感的研究和实际练习。教师意识到材料的特征、功能等仅靠语言来理解是远远不够的，而应该运用材料进行造型训练并通过实践操作以深化理解，探究其美感。包豪斯早期阶段的重要负责人伊顿在《造型艺术基本原理》一书中写道："他们（指学生）陆续发现可利用的手工材料时，就更加能创造具有独特材料质感的作品来。"伊顿总结道："通过实地研究，学生认识到他们四周的世界是充满了具有各种表情的触觉的环境，同时领悟到了若不经过上述训练，就不能正确地把握材质训练的重要性。所以，如果要做出优秀的设计作品，材料的特性是我们必须熟悉和掌握的，只有充分体会材料的性格才能够更恰当地运用它，将它本身的特性发挥得淋漓尽致。同时，材料的特性也必然包含室内和室外的区别，室内外的材料的选择可以更好地符合其所在的环境，烘托环境，同时被环境吸收和接纳，成为环境不可缺少的一部分。"

一、中国古代建筑装饰设计中材料的运用

中国古代建筑装饰在人类建筑历史上有着突出的地位，它并不是简单地表现装饰美感，而是通过巧妙地利用各种装饰材料来表现建筑自身的历史文脉与精神内涵，以富有形象化的符号与图示语言来装饰建筑空间，营造出具有特殊意义的建筑氛围与场所精神。中国古代建筑都能通过彩绘、雕刻、镶嵌等处理手法赋予建筑外部形态美感，如楼、阁、亭、台、榭等，并没有追求高度，而是从外部形态与结构造型上体现建筑的装饰美。在建筑构件装饰雕刻方面，中国古代建筑雕刻构件与图案丰富多样，根据历史资料和对现有材料与研究成果进行总结，中国古代建筑构件装饰雕刻类型大致有以下几类：云气星象类、瑞神兽类、几何类、文字类、动物类、植物类、纹样类、器物类等。古代建筑中的梁、柱、椽、斗拱、天花、山墙、屋脊等建筑构件都使用了各种不同的材料，运用寓意深刻、绚丽多彩、形态各异的手法进行装饰。

二、西方古代建筑装饰设计中材料的运用

西方建筑由于受到宗教、价值观念、文化观念、历史、地域文化等因素的影响，大多追求建筑绝对高度，外部形态挺拔高耸，内部空间狭窄，崇尚神权，石材的天然属性使其成为西方建筑中最主要的装饰材料。从建筑的外部形态来看，这些建筑都显得伟岸、庄严、肃穆，敬畏之情油然而生。在古代希腊时期，石制梁、柱、天花等建筑构件成为当时建筑最具代表性的特征，深刻地影响了西方建筑的发展。到了意大利文艺复兴时期，西方建筑在建筑艺术与建筑技术方面都有了长足的发展，建筑更加重视类似于天花、柱头、券拱、檐口、门套等部位的细部处理和装饰。无论是拜占庭式、哥特式，还是文艺复兴时期的建筑，它们所使用的材料多以石材与砖体材料为主，并有大量雕刻装饰痕迹。建筑构造多采用穹顶的形式，如伦敦历史博物馆。巴洛克建筑是在文艺复兴建筑基础上发展起来的一种建筑装饰风格，通过图案、柱形、空间、光影、材料和幻觉装饰等手段创造豪华、浮夸的效果。无论是宫殿、城堡、教堂，还是修道院、别墅、花园、公共建筑、皇家广场等建筑，其在构图、外形、装饰等方面均追求奢华、浮夸的效果，它们的共性是外形自由、追求动态、强烈的色彩、富丽堂皇的装饰、精美的雕刻、椭圆形空间与穿插的曲面等。罗马耶稣会教堂是巴洛克风格的代表作，也是第一座巴洛克建筑。

三、建筑装饰设计中传统建筑材料的新用

当下由于经济发展和物质水平的提高，人们对人居环境质量提出了更高的要求。部分传统材料由于环保、无污染、低耗能并且具有精神寓意，得到了高度重视。传统建筑装饰材料结合现代人们的审美需求与现代化的加工技术和施工工艺，进行创造性的利用，可以体现地域文化与历史文脉，反映建筑材料背后的精神世界，成为建筑装饰设计的重要发展方向。

（一）传统木材新用状况

目前由于房地产行业的快速发展，各种大型城市综合体、高层住宅、大型公共建筑被广泛建设。人们在这些由钢筋混凝土建成的庞然大物面前，失去了与自然对话的机会，使人们感觉缺乏温暖、关爱，人们从内心渴望获得宁静、渴望与自然接触。木结构建筑满足了人们内心与精神的这种需求，成为一个新的建设热点。近年来，各种木结构房屋发展迅速，木结构建筑的大量出现也带来了一系列新的建筑问题，其中包括如何充分利用木质材料、结构安全的设计、防火、防潮、木质建筑设计风格等问题，解决好了这些问题，才能为建筑装饰设计的发展提供依据。

（二）传统石材新用状况

在石材使用方面，传统石材铺贴技术已远远不能满足今天的建筑装饰需要。传统石材的切割技术落后，切割石材时均为块状切割，尺寸硕大、不易安装、费工、废料，缺点明显。但是随着科学技术的进步，石材切割技术有所改进，石材从块状的体量变成石板，厚度只需2厘米，切割工艺越来越高超精确，不仅石板出材率高，花纹也整齐一致、漂亮美观。这种现代切割技术大大地减轻了石墙的荷载，工程的造型设计也由承重的砌筑处理改为悬挂的不承重处理，"干挂"这种技术得到了广泛的运用。从"湿挂"到"干挂"看起来是一项极小的改进技术，却改变了传统石材的使用状况，除去了传统石材的缺点，展现了现代建筑装饰设计的时代特征与新的材料技术美感，为传统材料在建筑装饰设计方面的运用提供了有力支持。

随着科学技术的发展，许多新型材料逐渐运用到室内设计中，一些难以实现的设计构思变为现实，材料及施工工艺技术也得到了很大的提升，同时一批具有高科技含量的装饰材料也应运而生，如新型大理石、金属、玻璃、木材等被广泛应用于室内设计中，为设计师提供更广阔的设计思路及传达新颖独特的设计理念

创造了条件。当今室内设计十分注重表皮材料的选择和应用，强调材料的表现力，如裸露的水泥和木材、金属复合板材和人造石等。此外，不锈钢、金属板材、尼龙拉丝、彩色涂料、PVC板等作为现代科学技术的派生物，也被广泛应用于室内设计中。随着建筑装饰技术的发展，装饰材料与装饰构造、设备不断涌现，促使我国建筑装饰向更高的水平发展。尤其在我国建筑装饰材料迅猛发展的今天，以有机材料为主的化学装饰材料异军突起，一些具有特殊功能的新型材料不断涌现。

第二节　现代材料的发展对建筑装饰设计的影响

一、现代装饰材料的发展过程

随着科学技术的不断进步，人们对装饰材料的运用不仅仅局限在实用方面，而愈发关注材料本身的美感，在充分发挥装饰材料实用功能的基础上，使材料艺术价值得到最大程度的展现，是现代装饰材料发展的内在要求。莫里斯提倡手工艺艺术，反对生产模式的机械化，到了艺术风格后期，强调材料的基础属性与审美。到了20世纪20年代，德国包豪斯学校的成立与发展促进了现代主义运动趋向成熟。它倡导多学科交叉协作，匠人与艺术家共同合作，在材料的运用上实现艺术与技术的高度统一，在此前提下，实现工业化生产。随着全球化的高速发展，新的建筑装饰材料层出不穷，传播的速度与广度是前所未有的。建筑形态的更新使建筑装饰材料得以高速普及，这也是工业化大生产的必然。

材料不仅是建筑的外衣，还是建筑内在精神的表现。贝聿铭在做卢浮宫的玻璃金字塔时，对玻璃的工艺要求甚高，甚至法国的玻璃商都做不了，最后还是借用德国的配方才得以生产出完全通透的玻璃。可见，材料在建筑和室内设计中是一个重要的因素。由于受到现代技术的影响，建筑装饰材料在建筑中出现了创新，人们对装饰材料的选择更加倾向整体效果，然后再考虑它们的实用性，这就需要建筑装饰材料有十分稳固的基础并且具有无限的开发潜能。一些国外的建筑学家十分推崇手工艺术类作品，但是随着慢慢地演变，到了后期建筑装饰材料的风格大都偏向整体美感的体现，因此一些新型材料受到大众的喜爱与追捧。在经济全球化的今天，各类产品的推广速度很快，建筑装饰材料推陈出新的速度也很快，建筑形态的变化让与之相对的装饰材料变得更加快捷化，为此发展工业生产已经成为一种必然趋势。

现代装饰材料的发展都是人类利用自然、改造自然，社会与科技进步的结果。

现代装饰材料按照材料属性分为以下几类：自然材料，如木材、石材、泥土、植物等；合成材料，如人造石材、饰面板、石膏、乳胶漆、油漆、墙纸、化纤类装饰材料等；绿色材料，如全天然纸基壁纸、石英纤维内墙装饰物、抗菌涂料、工业副产品石膏材料、绿色人造板材、绿色塑料门窗、微晶玻璃、绿色管材等；复合与智能材料，如智能调光玻璃、太阳能光伏系统、风能控制系统等。选择这些材料的同时，不仅要考虑使用功能，还要考虑美观、经济、环保等方面的要求。

现代装饰材料的发展实质上是一个个性化的发展历程，强调与人的装饰需求有机统一。通过改变建筑装饰材料的材质、颜色等属性，实现实用价值与审美价值的有机统一。①建筑装饰材料的发展围绕着满足人们的审美需求进行，要求建筑装饰材料符合建筑装饰设计中营造风格的基本需求。②建筑装饰材料的发展从功能单一向功能齐全的方向发展。③现代建筑装饰材料力求实现多样化。例如，地面材料从传统的木质地板向着大理石砖、瓷砖等方向发展，从而达到不同的装饰效果。

二、节能与环保材料对建筑装饰设计的影响

建筑装饰设计中应用的新材料主要是节能与环保材料，这类材料的大量使用促进了建筑装饰设计趋向低碳、环保。在现代建筑装饰设计中的光环境设计中，遮阳产品、太阳能产品、阳光控制膜玻璃、热反射玻璃、光导纤维等产品的大量使用，可以充分利用自然能源，节省照明能耗等；在墙体装饰设计方面，硅藻泥材料作为一种环保的粉体泥性涂料，可以涂抹成平面，也可以通过不同的工序及工法做出不同的肌理图案。硅藻泥材料是传统壁纸与乳胶漆等墙面装饰料无法比拟的新型材料，功能全面、易施工，并且没有任何污染。其物理属性决定了它具有分解与吸附的功能，对空气中的异味以及一些固体小颗粒具有过滤作用，能有效降低它们对人们的危害。它作为一种健康环保、隔热保温、质感厚重的装饰材料已经广泛应用于建筑装饰的各个方面。在其他材料的设计利用方面，人工合成石材替代天然石材得到了广泛使用。由于人工合成石材由矿渣、废料等材料组成，改善了天然石材的很多缺点，如表面易风化、脱色、裂隙、弯曲，有色差，吸水率高，含有金属矿物质，纹路变化大等，并且具有无辐射、色泽好、花纹规整、持久耐用等优点，更加重要的是其成本很低，符合可持续发展要求。

环保节能型材料对当代建筑装饰设计有重要的影响，特别是在环保理念深入人心的当下，使用环保节能型的建筑装饰材料已经成为建筑装饰设计的共识。①环保节能型装饰材料可以减少建筑装饰工程中的环境污染问题，从而给用户提供符合现代环境标准要求的设计，以满足用户的需求。②目前环保节能型装饰材

料主要有以应用太阳能等绿色能源为主的建筑装饰材料、具有较少辐射的天然材料，以及可以有效提高能源利用率的玻璃材料等，无毒、无害成为建筑装饰材料的重要评判标准和依据。③现代建筑装饰设计更注重提高材料的利用率，强调就地取材，有效减少材料的浪费，并且尽量减少使用带有粉尘、有毒气体或挥发性较高的装饰材料等。

随着全球经济的迅猛发展，能源消耗也不断加大。在日益增大的总能耗中，建筑方面的能耗大约占35%，因此建筑的节能问题得到了很多国家的关注。随着我国住宅的节能标准不断提高，促使我国自主开发了许多不同的节能技术。解决建筑节能的根本途径是通过开发研制和应用各种不同的节能材料，这也是促进我国建筑业持续、健康发展的前提。建筑行业广泛使用节能材料，不仅提高了人们的居住舒适度，还有利于建造成本的降低，符合现阶段的科学发展观。

能源直接关系经济的发展，一切的行业生产都离不开能源。能源可以看作经济发展的基础，可见能源与经济的持续发展关系是非常密切的。因此，要想实现经济的快速发展，就需要具有充足的能源。虽然我国是资源大国，但是我国人口数量庞大，人均自然资源占有量相当低。此外，由于我国科学技术水平相对落后，导致了能源利用率在各行各业中都比较低，在一定程度上不仅阻碍了经济的发展，还阻碍了能源利用率的提高。由于能源利用率较低，导致了很大一部分能源在不知不觉中被消耗，引起环境恶化，甚至带来了自然灾害。因此，可持续发展战略在建筑行业必须认真贯彻落实，积极探索应用节能材料，促进国家经济可持续发展。

另外，由于近年来建筑行业的发展速度非常迅速，故此消耗了相当多的能源，所以在这种情况下需要大力推广在建筑设计中使用节能材料。我国经济想要快速地发展，必须采取节能措施，研究节能技术，并将其应用到建筑中去，以减少建筑对能源的消耗，这样才能更好地节约能源，促进我国国民经济的发展。

一、材料的结构特性

在探求如何有效地利用和发挥材料可塑性的过程中，结构是重要的环节。近年来，几何组件框架结构的崛起顺应了当今社会发展的趋向和时代所需。其构造主要由空间管材和球体多向绞节件组成，通过插接组合可构成无限的几何形状，再辅以配件，几何组件框架结构可以体现出多种设计意图，显示了它独到的功能特质和丰富的艺术语言。裸露梁柱等结构的设计手法已屡见不鲜，被众多设计师所采用。新材料与新结构形式层出不穷，不断地更新着我们生活的环境，带给我们与以往完全不同的视觉感受和冲击。因此，材料的结构特性是建筑设计发展的基础和前提。

近几年涌现的设计作品很多都渗透出材料结构的魅力，如鸟巢和水立方，完美的建筑设计是以先进的建筑技术为支撑的。鸟巢的外形结构主要由巨大的门式钢架组成，这些钢架由椭圆辐射状旋转形成主受力体。在主体钢架中间沿重力传递路径填充次级构造钢架，使看似无序的框架内蕴含了严谨的受力体系，实现了结构功能与外观形式的统一，有序中蕴含着变化。水立方是世界上唯一一个完全由膜结构来进行全封闭的公共建筑，建筑面积为 8 万平方米，高约 30 米。水立方膜外套由 3000 多个气枕组成，覆盖面积达到 10 万平方米。从外观看，水立方晶莹剔透的外衣上面点缀着无数白色亮点，这些亮点被称为镀点。根据气枕的摆放位置不同，不同的镀点吸收不同方向的阳光，这样就有效地避免阳光直射入馆内，起遮光降温的作用，具有很好的保温功能。

材料的结构特性在任何一个建筑中都是无处不在的，熟悉掌握建筑的材料特性，充分发挥材料的结构特点，能够更好地完善建筑的物理环境，收到更为理想的设计效果。

二、材料的知觉特性

思维需要意象，意象中又包含着思维。因此，包含意象的视觉艺术是视觉思维的故土。

视觉环境设计的目的是设计出能够满足人们视觉和心理审美需求的空间。事实上，眼睛观看的过程与相机拍照的过程相似，汇集在视网膜上的图像经过视神经传递到大脑，由大脑对接收的视觉信息进行分析，得到"看到什么"的结论。而实质上，眼睛只是人们收集视觉信息的工具，而客观环境与"看到什么"的结论存在差异，因为在视觉体验的过程中，个人对视觉的理解分析才是眼睛"看到什么"的决定性因素。

（一）材料的质感

质感是材料给人的知觉印象，是材质经过视觉处理后产生的一种心理现象。材质是光和色呈现的基体，它的某些表面特征如光泽、肌理、硬度等，可以直接作用于人的感官，成为室内环境的形式因素，也通常影响到色光的寒暖感和深浅变化。由视觉引发的联觉是普遍的，如大理石光洁的表面会让人感到坚硬、不易接近却很有力度感，应用在银行、保险公司、市政厅等建筑的厅堂里，使人易产生稳定感、安定感及信任感。在室外，材料的质地也能够引发联觉效应。如博物馆、纪念馆之类的建筑，在外观选材上就会根据建筑的性质而决定材料的质感，使其与建筑本身相符，并以此材料的观感传递特定的信息。此外，借助材料本身的表现力有利于调节室内的空间感和实物的体量感，材料表面的肌理组织、形状变化、疏密和自然的风韵也颇具装饰效果情趣。

（二）材料的肌理

肌理也是人视觉知觉中的一项，人们通过材料固有的或后天的肌理效果传递一种心理作用，这些心理作用符合之前所提的建筑和审美的基本原则，并且通过这些原则的使用使得材料的视觉效应更加丰富多彩。

肌理是构成环境美的重要元素，在环境中显现出极大的艺术表现力。不同形态的材料肌理具有不同的审美品质与个性，即便是同类材料，不同的品种也存在微妙的肌理变化。如不同树种的木材便呈现出不同的肌理特质，如细肌、粗肌、直木理、角木理、波纹木理、螺旋纹木理、交错木理等，这些丰富的肌理对室内空间美和装饰美的构成具有很大的潜能。肌理是天然材料自身的组织结构或人工材料的人为组织设计而形成的一种表面效果。设计所用的材料多以"原肌理"展现。但是在某些大面积构件表层进一步加工出新的起伏或纹饰，便会呈现出另一层次的肌理效果，这就是所谓的"二次肌理"。在天然材料资源锐减和各种高强材料迅猛发展的今天，许多材料已形成自己新的"本色"，仿真新工艺在各种基体或饰面材料上采用印、染、轧、压、喷、镀等技术手段进行表层二次加工，预示着材料微观结构的变革日趋"自由化"。

当代西方一些设计师运用感知素材的肌理大胆表露水泥表面，木材，铝、钢铁等金属板材，金属复合板材等，着意渲染、显现材料的素质美和肌理美，"原肌理"与"二次肌理"并置，极具冷静、光洁的视觉表层性，令都市中人的怀乡思旧之情得到补偿和平衡。因此，在室内环境设计中，组织、创造新的肌理，以及人们对它的心理效应，逐渐被设计师所关注和追求。

（三）材料的触觉

触觉依两方面情况而存在，一是不经过视觉，直接通过肌肤触摸感觉；二是经过视觉以后并通过过去经验而共生的心理带动的触觉，这也是知觉特性的体现。人对材质诸因子的知觉，有的直接由视觉感受，如光泽、肌理、透明度等；也有的通过触觉而感受，如凹凸、软硬、光滑、弹性等，它们共同参与视觉形象的构成，成为景观的构成因素。设计材料的确定应讲究面积分配，掌握其主次关系。一般来说，材料品种越少，空间就庄重，越具有整体感。而不同材料的综合应用则可丰富人们的视觉和触觉感受，也易较好地体现民族风格、传统特色和乡土气息。近年来，多种材料混合使用的倾向正影响着欧美设计界。法国设计师艾立基姆以职业的敏感指出："20 世纪末期是设计开始沸腾的高潮，材质的混合及变化是一种充满惊喜的新经验。"

材质的观察效果与观察距离有密切关系。有些位置没必要用高级材料，用一些价格不贵又合适的材料反而显得恰如其分，同时又可将局部少量高级材料衬托出来。将一些适于远看的材料移到小空间近距离观赏，也会产生质地粗糙的弊病。一些小店铺室内顶棚采用适用于大厅的深凹凸花纹钙塑板吊顶，给空间环境带来繁杂、喧闹、浓重的阴影，也使空间尺度更显狭小、拥挤。因此，精心选用适合空间观赏距离的肌理以及组合形式，是十分重要的。北欧家具的成功对我们有所启发。它一方面建立在其有机造型和简洁轻巧感觉上，另一方面则植根于它的优美材质感和纯熟制作技艺之中，韵味含蓄，光洁柔润，给人以新颖雅致的情趣。

（四）材料的色彩

色彩与触觉不同，色彩的知觉效应必须依靠光的存在和眼睛的感知而获得。色彩学的理论体系是庞大的，本节仅阐述色彩作用于材料上的知觉特性，也就是彩色材料所形成的环境下的色彩心理效应。材料是色彩的载体，色彩不能游离材料而存在，色彩有衬托材料质感的作用。

不同色彩物体在并置、重叠、相互包围等不同状态下会产生明亮对比、色彩对比、面积效应以及色彩相互反射等现象，都需要特别注意。色彩的固有属性与材料的质感、触觉共同构成环境效果。而所有的这些效果的表达都是通过人的视觉、光的效应共同作用以后在人的心理产生相应的心理效应。材料色彩的使用原则应该符合以下四个方面：形式和色彩服从功能；力求符合空间构图需要；利用色彩改善空间效果；考虑各种光源的效果。

所有这些感觉信息可能是片段的、不完整的，但当感觉信息同脑内力场进行相互作用时，所引起的认知经验是完整的、有组织的。这是因为脑包含先于感觉刺激而存在的结构化的场，脑活动场总是以尽可能简单的方式分布，正如其他物理力场一样，所以所有认知经验都倾向于尽可能有组织，尽可能对称、简单、规则。这就是完型趋向同律，这也是格式塔心理学的核心。

三、材料的固有属性

按照材料的属性，我们可以将材料分类，根据材料分类，我们可以将材料应用于恰当的环境之中。材料都具有固有的物理属性如材料的声学、光学、热学性能，化学属性和生态属性。化学属性主要表现为材料组成的稳定性、在大气中特殊环境下的耐腐蚀性等方面。生态属性是指材料由于其特定的组成和生产加工以及使用过程中对环境的影响，包括对能源的消耗情况、对环境有无污染等。因此，每一种材料都有其与生俱来的属性特征，而这些特征往往决定了其用途。

由于材料的物理性质不同，那么其带给人们的心理感受必然是不尽相同的。材料的性能、质感、肌理、色彩等构成了建筑环境的物质要素，一个人造的环境都是由各种材料以一定的结构和形式组合起来的具有相应功能的系统。

不同材料因其质地、色彩的不同，会给人在视觉、触觉等方面以不同的心理感受。在设计中，设计师会根据不同的情况运用不同的材料来营造不同的空间气氛。

混凝土作为常用的建筑材料，不仅是基本的建筑框架材料，还具有耐久性和与众不同的艺术表现力，其粗犷而质朴的品性使结构细节得到充分表达。

木材自古以来就被广泛使用，其朴素和易于加工的特性令人产生亲切和雅致的感觉；大理石、花岗石、水磨石等不仅色彩、肌理优美，耐磨且易于冲洗清洁，适合于大面积的拼接安装和镶嵌；玻璃具有光洁、透明、晶莹、透剔等特性，它不但能使空间层次有延伸和扩大之感，而且能调节环境的虚实关系，在虚幻迷离中产生优美、奇妙的情境；织物也以其独特的质感、丰富的色彩以及多样的形态日益受到广泛的重视。

在建筑装饰设计时，人们往往利用不同材料的独特性和差异性来创造富有个性的丰富的建筑空间。建筑大师赖特设计的流水别墅就是借助材料的变化来显示和区别各种不同用途的空间，以取得内、外空间与不同空间的统一和联系，玻璃和石墙得到了恰到好处的运用。

材料具有各自的自然属性，每一种材料都有自己的语言，每一种材料都有自己的故事。对于创造性的设计师来说，每一种材料都有它自己的信息，有它自己的歌。赖特曾说："材料因体现了本性而获得了价值，人们不应该去改变它们的性质或想让它们成为别的。"在空间创造中对于材料的使用也因材料的属性不同而呈现不同的选材倾向。从人的大体感觉上来说，材料可以分为距离人近的材料和距离人远的材料。前者与人类同属于生物体系，因而使人容易产生亲和感，因此这样的材料常常用于室内空间；而后者给人一种理性与冷漠的感觉，多用于建筑空间。

设计师在进行建筑装饰设计时，应学会利用材料的特性，即要着意强调材质上的相似性，一方面表现材料质感上的共同点，另一方面又体现出质感的差异性，使之总体上既有变化又寓于统一之中。例如，自然石材的坚固和粗犷可用于建筑外墙，而同属石材的大理石却因其致密的质地、优美的色彩和肌理以及高贵典雅的外表而常常被用于室内装饰，两种材料具有相同的本质属性，但却因其表现出的不同外观而分别使用于室内和室外。对材料同一属性的利用，可产生协调、均衡、统一的美感，通常这样的设计能展现出一种大气之感。但如果只是一味地追求统一，毫无变化，难免会陷入单调的泥潭，因此能否在统一中找到对比，并利用这种对比，适当地彰显这种对比，会使室内外更具生气与活力。日本当代著名设计师池泽宽指出："现在正产生一种以软—硬和冷—暖为轴来实现设计意图的室内设计手法。在这里，软硬轴主要表现的要素是形式，冷暖轴的要素是色彩，而质感对两个轴都带来影响。"

当然在塑造空间时对材料的使用并不是绝对按照以上原理的，随着设计多元化的发展，以及人类审美观念的转变，很多用于室内装饰的材料也逐渐应用于室外，而以前建筑外表面所使用的材料也渐渐被室内装饰所接受，进而演变为一种时尚。传统的木材在现代加工技术的处理下也展现出了另一种魅力，如将木材贴于建筑外墙面从而创造出一种回归乡村的田园气息。彼得卒姆托在汉诺威世博会上用方形条木筑起98 堵墙体高达7 米的木垛墙，号称为"瑞士音箱"。整个体系除了钢片弹簧，不用任何螺钉和黏结材料。据说3000 立方米的木料在展览会结束后，仍可运回瑞士重新利用。这些木条不仅能够使人感触到木质肌理，还可以嗅到松木的芳香。曾经室内独有的装饰材料——织物，也正以其独特的质感、丰富的色彩以及多样的形态日益受到建筑设计师的广泛重视和青睐。圣马特奥时装中心勃劳古斯百货商店，室内顶棚用布蓬构成，每当日暮，夕阳将悬浮结构的阴影映照在天顶上，随着天色的逐渐暗淡，墙面和天花板进行间接照明，宛如置身于幻想世界的环境中。

以前室内很少使用金属合金材料，如合金钢、铝合金、金属箔、镀锌板、镀铜片等，如今也被室内设计师加以巧妙利用，奥地利建筑师霍莱因1965 年设计的瑞缇蜡烛店，摒弃了普通商店所惯用的霓虹与烦琐的橱窗陈列手法，采用亚光铝材，金属材料具有很强的光泽，有华丽、坚挺、精致和庄重之感，通过亚光铝材的反复使用，使该店成为街道景观中强烈的视觉中心。由玻璃形成的"墙"虽然透明却无法看到户外，由玻璃砖技术构成的图示，赋予室内空间以现代、雅洁与和谐的魅力。以往混凝土是贴石片与瓷砖于其上的底材和构材。而今许多设计师又赋予了它新的内涵：朴质、率直、粗犷、大度，因而获得众多青年设计师的青睐与钟爱。

在建筑装饰设计中恰如其分地运用材料，尤其是材料的纹理可以使形式更有意义。而充分表现材料的内在潜力和外部形态是室内设计观念的重要组成部分。

第三节　未来材料的发展趋势及其对建筑装饰设计的影响

近年来在市场上出现的有别于传统类型的建筑装饰材料越来越受到用户的青睐，这些材料不仅符合各种个性化的装饰需求，而且可以方便地进行拆卸，不少新型材料都是可以重复利用的材料。这些新型材料往往都是清洁材料，是通过再生资源来达到装饰设计目的的材料。新型装饰材料的实用功能更强，不仅具有净化空气的作用，而且还有着良好的保湿和保温效果，可以满足用户的实用需求。当前有生物属性的材料也广泛用于装饰设计，如可以吸附二氧化碳、可以有效消除甲醛污染、可以消灭空气中的细菌的材料已经被广泛使用。

一、未来装饰材料的发展趋势

（一）绿色材料

所谓绿色材料，是一个较为抽象的概念，在这里可以理解为与生态环境保护及人类生存相适应的、环保健康的新型装饰材料，也可以理解为生态型、环保型、健康型材料。绿色材料具有以下特征：①以废渣、废料等为主要原料，减少了对自然材料的过度消耗；②充分使用风能、太阳能等可再生能源，生产制造工艺无污染或者极少污染，减小了能源消耗，提高了能源利用率，有利于维护生态平衡；③采用清洁的生产技术，生产过程中不会产生对人的健康有损害的有害物质；④绿色产品的安全性与可控性有利于建筑节能降耗。绿色材料大多源于自然并与自然环境相融合，降低了由现代建筑样式带来的机械感与冷漠感，体现了自然材料的质感与美感。例如，上海世博会上越南馆采用天然的竹子为建筑材料，不仅展现了自然材料本身的美感，还关联了人与大自然的关系，体现出不同的人类文化。越南乡土建筑以竹、木、藤为主要的建筑装饰材料，就地取材，生产环节自然、健康、环保，不仅反映了国家文化与地域特色，还突出了经济、美观、低碳、环保的特征，这种与自然融合的材料必然成为未来建筑室内外装饰材料的发展趋势。

目前，国内外有许多由绿色材料所建造的环保建筑及室内空间。美国宾夕法尼亚州的波科诺环境教育活动中心就充分利用了大量可再生、可循环利用、可回收利用的材料，并且使用不含或含少量有机挥发物的产品和装修材料。该中心的外墙采用废弃的轮胎作为墙面板，专家现场将这些已经不用的废弃轮胎加工成屋面瓦，不仅考虑了材料的可循环性及再利用，也使更多的人了解保护生态环境的重要性。此外，环境教育中心的设计最大限度地利用了太阳能和自然通风的潜力，较长的南立面使建筑能在冬季获得较多的太阳辐射，同样地面的水泥材料又储存了部分热量，建筑被遮挡的北墙阻挡了冬季的寒风。倾斜的大屋顶最大化地利用了南向的太阳光以减弱寒风的侵袭。可以说该建筑是绿色材料应用的典型之作，值得我们学习和借鉴。

荷兰建筑师设计的绿色生态住宅采用的基本都是天然材料，即使是颜料和涂料也不用带有化学成分的物质。住宅充分利用阳光，房间的向阳面用大窗，向阴面用小窗，同时用太阳能电池板获取能量。屋顶像一个空中花园，可以种植花草和蔬菜，可以直接用雨水浇灌，这样既节约了土地面积，又能改善环境、节约能源。

通过这些实例，我们能够了解绿色材料在今后的发展方向。

①有效的运用太阳能、光能、风能、地热能，充分利用自然采光、通风，以提高能源的利用率。

②强调保温、隔热，降噪和气密性设计等功能要求，以满足人们基本的生活环境需求。

③采用多层窗，以减少能耗，实施绿色照明。

④建筑应与自然环境相适应，创造健康、舒适的室内空间环境。

⑤打造舒适的温度环境、宜人的光视线环境、优雅的声控制环境。

在我国的传统建筑文化中，人们对建筑物本身以及建筑物与周围自然环境和人文环境之间的关系便已经非常重视，这一文化传统几千年来一脉相承，尤其是在现代化的建筑布局之中，在融入新理念的同时依然保留了传统的建筑布局形式。绿色建筑理念在建筑布局设计方面同样起着至关重要的作用，并且绿色建筑的布局设计覆盖范围十分广泛，包括对当地区域的地理环境以及环境资源等各方面的调查研究，是一项较为系统性的设计工作。因此，在对绿色建筑进行布局设计时，需要建筑设计师注意如下几点：①绿色建筑的布局设计主要是对建筑的内部空间在功能以及形式上进行有效的划分，在保障将整个建筑工程中最佳功能效果最大程度发挥的同时，进一步保障建筑工程在自然资源等方面的合理开发以及有效利用；②在建筑工程进行布局设计之前，设计师同样需要对建筑工程所处区域的地理条件以及气候环境进行详细的了解，并掌握其自然规律，依据当地的地形进行建筑布局的设计规划工作，尽可能地降低对自然能源以及建筑成本的消耗；③对建筑工程所在区域每年的风向、温度以及经纬度等自然条件进行规律性的分析，从而决定建筑的朝向，对这些因素进行全面调查是建筑工程布局设计中必不可少的要求；④对建筑施工现场的绿色植物进行有效的利用，依靠建筑工程周围其他建筑物以及绿色植物降低整个建筑工程的热能量负荷，从而进一步实现绿色建筑设计。

建筑工程中的配套设施犹如整个国家的配套基础设施建设一样，都是人们日常生活中不可或缺的基础设施，没有配套设施的建筑就像一首没有灵魂的歌曲，完全失去了建筑本身存在的意义，科学合理的配套设施设计能够促使绿色建筑室内环境得到基本的保障。我们常说的绿色建筑并不只是在建筑材料以及建筑技术上进行节能设计，同时也需要将整个建筑的内部设施进行节能改造，如建筑工程内部的新风系统。新风系统是由送风系统及排风系统组成的一种独立空气处理系统，这种处理系统最大的优势就是能够在主人不在的情况下，定时将室外较为新鲜的空气与室内较为浑浊的空气进行交换，从而保障室内空气的清洁度。然而由于实际的生活环境存在季节性的差异，尤其是在北方较为寒冷的地区，现阶段环境污染较为严重，雾霾天气频繁出现，导致新风系统所带来的实际效果与人们的身体所需要的舒适度仍具有一定的差异。因此，需要对新风系统进一步完善，以保障整个新风系统能够完全达到建筑内部以及建筑外部不同环境温度以及湿度的标准。然而对新风系统的改造在一定程度上加大了对建筑能源的消耗，不符合绿色建筑在降低消耗的同时，还能够进一步确保建筑工程的质量和各项需求。因此，对于新风系统的使用具有时间观念上的限制，新风系统大部分真正上的使用时间分别为冬季和夏季，这样不仅能够降低对建筑能源的消耗，还能保证新风系统的荷载。

总而言之，将绿色理念融入建筑设计中能够在一定程度上降低对环境的破坏，同时作为一种新型建筑理念，不仅能够顺应时代发展的趋势，还能满足社会的环保要求，且具有较好的发展空间和优势。建筑企业应加大投资力度，努力将其变成自身的一个战略优势，以寻求更良好的社会效益与经济效益。

（二）复合装饰材料与智能材料

除了绿色环保材料外，复合装饰材料与智能材料也是未来材料的发展方向。相对传统材料而言，复合装饰材料与智能材料的性能更加优越，并且降低了原材料的消耗与能耗。例如，人造石材料、木塑材料、复合纸质材料等解决了单一材料的表现性不足等问题，将多种材料进行复合，体现出多种材料的优点，满足了建筑装饰方面的使用要求，而且在施工程序与时间控制、操作性等方面明显优于单一材料，显示出了巨大的优势。智能材料则是一种能感知外部刺激、能够判断并适当处理且本身可执行的新型功能材料。例如，利用光合作用与太阳能、风能等，将城市运转过程中所排放出来的二氧化碳、硫等有害物质转化为对人类发展有利的物质，不仅为建筑装饰材料的选择提供丰富的素材，还为城市环境的改善提供技术支持。

二、未来材料的发展对建筑装饰设计的影响

材料的创新与建筑装饰设计的创新是不断向前发展的。随着未来材料的发展，建筑装饰设计将取得突破性进展，将更加注重自然与人类的有机结合，注重绿色、低碳、环保，注重可持续性发展，注重历史文脉、人文关怀、地域文化的表现等。了解材料的基础属性、创新材料的构造方式、探索材料的不同使用方法、丰富建筑装饰设计风格，这样才能保证材料及建筑装饰的发展创新，适应社会的高速发展与人们对环境质量的诉求。

科学技术在不断进步，建筑装饰设计方面也在不断创新，建筑装饰设计将会引起更多人的关注。装饰设计与自然生态相结合对建筑装饰材料的未来发展起到很大的作用。随着建筑装饰技术的不断发展，建筑装饰材料将会朝着绿色、智能、复合型的方向发展。

目前，对于建筑装饰如果要做到优化设计，那么不能缺少新型材料的参与。这是由于建筑领域的新型装饰材料具有多样化的技术优势，可以节省建筑装饰的综合成本，进而在最大限度内体现建筑装饰的整体效益。同时，新型材料本身还具有绿色与环保的基本特征，此类材料在本质上符合节能环保型建筑的设计宗旨。针对各种类型建筑的装饰设计来讲，设计人员有必要因地制宜选择适合运用于此类设计中的新型装饰材料，在此前提下提升建筑设计的综合效能。

三、建筑装饰设计中运用新型材料的探究

我国的建筑工程行业已经得到了较好的发展，同时也带动了建筑装饰行业的发展。但是由于受我国各个地区经济发展以及文化差异等方面的影响，导致我国建筑装饰材料的更新换代还存在一定的滞后性。近年来，我国的墙纸、墙布的生产在相关企业的努力下，相关生产工艺以及生产的款式已经有了一定的发展，但是与国外的相关产品相比，花色品种相对比较少，款式上也较陈旧，在很多方面都不能完全满足顾客的需求，以至于很多顾客在选用装饰材料的时候都将目光投入到国外，导致我国的建筑装饰材料市场的大量资金的外流。

建筑行业的发展已经成为社会上最为主要的产业之一，建筑材料生产厂家在建筑装饰材料的生产结构、生产质量等方面以及产品后期的使用过程承担相应的质量责任。与发达国家的相关市场上的产品相比较，就会发现我国的这些产品无

论是档次还是品种和用量等方面还有一定的差距。究其原因是我国的生产产业结构不合理，同时生产的产品质量也不能完全达到要求。对于我国的企业来说，在混乱的市场中发展，很容易存在生产结构不合理的问题，在进行生产的过程中很多企业也没有做好质量的监督工作。

社会的形式以及社会的市场需求的改变导致市场对于新型材料的使用与采用也发生了相对较大的变化。以往的建筑装饰材料已经不能够满足现代人们对于建筑装饰多元化的要求，在进行室内装饰的过程中必须淘汰不能很好地融入社会中的材料，而应该加强新材料的引进与使用，增强产品的种类并且强化质量问题。装饰材料的发展从古代的石器、陶器到现代的工业化材料，都是人类利用自然、改造自然、社会与科技进步的结果，同时也要采用合理的产品配套设施，在节约资源的同时较少建筑垃圾的产生。企业的管理还应该意识到一个问题，建筑装饰材料能否进入市场，完全取决于用户认可与否，材料企业不要为生产而生产，应该为用户的需求而生产，根据用户的信息变化来改进自己的产品或开发新的产品。

在我国的相关新型地面材料的生产中，近年来有了一定的发展，并且达到了一定的水平。建筑装饰行业的发展很快，在进行一系列市场的融合中，建筑装饰材料生产企业的竞争力越来越强大，但是材料在不断地更新换代，要想使这个行业不断发展，就要对建筑材料生产企业的生产结构进行调整，在进行监督以及生产过程中一定要严把质量，加强企业的自律性，在提高诚信度的同时打造属于自身的产品形象，充分发挥市场机制下行业的自我管理、自我监督、自我约束、自我规范、自我更新的功能。同时，企业也在加强自身的综合能力，建设者也要加强自身品行，把目光放长远，提高对于市场未来发展的意识，提高专业化生产水平，加强企业的生产制度建设。同时，未来将建筑装饰行业进一步发展壮大，企业必须要加强思想建设，树立坚持走可持续发展的道路。只有制定出符合市场需求的制度，生产出符合现代社会需求的产品，才能够屹立不倒。

目前的状态下，建筑装饰领域运用的新型材料涉及玻璃材料、人造水晶及其他环保材料。对于建筑装饰如果要做到优化设计，那么不能缺少新型材料作为支持。这是由于建筑领域的新型装饰材料具有多样化的技术优势，可以节省建筑装饰的综合成本，进而在最大限度内体现了建筑装饰的整体效益。与此同时，新型材料本身还具有绿色与环保的基本特征，此类材料在本质上符合节能环保型的建筑设计宗旨。针对各种类型的建筑装饰设计来讲，设计人员有必要因地制宜地选择适合运用于此类设计的新型装饰材料，在此前提下提升建筑设计的综合效能。

随着建筑装饰行业的不断发展与进步，建筑装饰在材料的选用上将会呈现更加多元化的视觉效果以及使用效果。在室内设计中，材料的适当选用与否将会决定装饰效果的适用性以及审美效果。对于建筑装饰设计师来说，将各个材料的特点与室内设计风格相结合，才能创造出更好的设计效果，从而让客户满意。

（一）新型装饰材料的特征

与传统材料相比，新型材料具备环保性与绿色性的基本特征。具体来讲，新型材料表现出更好的耐久性特征，经过较长的时间也不会减损。近些年来，新型材料更多运用于现阶段的建筑装饰，此类材料具有可再生、可循环与可重复的特征，对人体不会造成伤害，因而符合了无害化的宗旨。同时，新型材料更加亲近自然环境，通过运用此类材料可以构建更舒适并且更健康的新型家居环境，符合新时期的城乡居民的基本需求。

随着技术进步与经济发展，城乡各地都在逐步扩大建筑的覆盖面。面对新的形势，更多人选择了环保型的家居装饰材料。与此同时，厂商与建筑设计者也倾向于运用节能绿色的新型材料来完成装饰设计。在绿色环保的设计宗旨与设计目标下，无放射、无污染以及无公害的新型材料还会继续推广，在此基础上构建民生工程。因此，建筑装饰涉及的新型材料符合新时期的环保设计宗旨，在绿色设计的进程中有必要推广运用。

以玻璃为例，多种材料混合并置使用的倾向正影响着设计界，材质的混合运用及变化是一种充满惊喜的新体验。一个成功的设计并非一定要使用贵重的材料，也不在于多种材料的堆积，而在于合理并且艺术性、创造性地使用材料。在传统设计中如果材料的运用只局限在传统材料上，那么将失去其在当今社会的现实意义，即失去了现代实用功能，严重违背了材料运用的实用功能。我们用玻璃这一现代工艺材料的运用实例来说明传统文化的表现性。被誉为日本现代玻璃工艺先驱者的藤田乔平，他以惊人的创造力和精美绝伦的作品向世人展示了具有日本传统风采和西方现代情调相结合的玻璃工艺的巨大魅力。他的作品可以唤起大家对日本传统生活方式的怀念。将玻璃与珍贵金属融合在他的作品中，有一股浓厚的禅味。

在我们传统的中式设计中，材质主要运用木材和石材居多，总体上显得过于陈旧、沉闷。如果我们运用一些现代材质，采用对比手法，如使用玻璃和不锈钢与岩石、实木等传统材质的对比，则能增强现代感又不失整体中式感。传统材料不仅仅作为单一的材料而存在，通过与新材料的结合，传统材料又被赋予了现代气息。我们可以根据不同传统材料间的特性与新材料结合，扬长避短，既体现了现代室内设计的传统情感，又弥补了传统材料的局限。在现代技术之下，钢结构的发展很好地解决了木结构在节点处的强度问题，而钢木结合也成为现代木结构的主要特征。

（二）新型材料的类型

近些年来，在建筑物装饰领域中诞生了多样化的新型材料，其中典型的新型材料如下：

生态木材本质上属于合成型的新型建材，此类建材包含了高分子材质、木质纤维与树脂等成分。因此，生态木材整体表现为良好的木材纹理与视觉效应，具有厚重的木质感以及稳定的材质结构。相比于常见的建筑木材，生态木材具备更好的保温性、防腐性、隔热性与防水性等性能，同时也符合防火性的指标。具体在施工时，可以把卡扣式的钢龙骨布置于生态木的内部。最近几年，各地在构建园林景观、娱乐性或者商业性的建筑物、进行室内装饰时都普遍选择了上述生态木材。

从墙面装饰的角度来讲，近年来更多设计人员选择了艺术漆作为装饰墙面的材料。运用艺术漆来完成整个墙面的装饰，有利于体现整个居室的朴实风格，因此符合绿色与环保的宗旨。来源于欧洲的艺术漆具备很好的防水性与防尘性，不会对人体产生伤害。各种类型的艺术漆都具有多样化的纹理特征，此类装饰材料有利于消除墙面辐射并且增强光泽与质感。因此，艺术漆运用于新型建筑装饰的做法有利于弥补墙面光泽较差的弊端。从具体类型来讲，艺术漆包括硅藻泥、真石漆及其他漆面材料。

除此以外，GRG（预铸式玻璃纤维加强石膏板）新型建筑材料也可以运用于居室装饰，其中典型代表为玻璃纤维制成的石膏板。与传统石膏板相比，如果在石膏板中加入了适量的玻璃纤维，那么石膏板就会表现出更好的综合性能，有助于防止开裂与破损。新型石膏板材料具有细腻且光滑的外表，因此可以迅速黏结其他涂料，在此基础上表现出更好的建筑装饰效能。同时，GRG 材料符合安全性与绿色性的指标，此类材料不含毒害人体的物质。从现状来看，在建设商场、剧场或者学校时，都在尝试运用新型的 GRG 装饰材料，此类材料逐步替代了传统石膏材料。

（三）新型材料的具体运用

在各种类型的建筑材料中，新型装饰材料普遍表现出更好的环保性及节能性。目前的状态下，多数建筑设计人员都已意识到了新型材料的独特优势，这是由于新型材料有助于节省整体成本并且有更好的建筑设计效益。因此，新型装饰材料更适合用来完成大型建筑物的室内设计，以此来体现室内设计的多样性。

（四）地板设计中的新型装饰材料

从室内设计角度来讲，地板设计构成了其中的关键。针对建筑物地板具体在设计时，如果能选择天然橡胶制成的新型室内地板，就能从根源上消除地板材料给居室带来的污染，同时也消除了人体遭受毒害的可能性。天然橡胶属于新型的化合材料，此类材料具备高分子合成材料的特征，因此是无害、无毒的。目前的状况下，天然橡胶更多运用于室内地板的装饰与设计，对此可以选择多样的材料颜色。另外，天然橡胶这种新型材料还可以再生，有助于实现回收利用。在居室中铺设天然橡胶制成的地板，针对居室内的二氧化碳能够予以充分吸收，因而有助于净化空气。天然橡胶本身十分柔软，体现了防滑除尘的综合效能。

现代建筑装饰材料正在向着风格化与特色化的方向发展。随着现代装饰技术的进步，装饰材料的模块化趋势日益明显。减少再次加工需要、现场拼装等特征，不仅简化了不必要的操作程序，而且提高了设计的精细度，材料可以更有效地支撑设计师的设计理念。①复合型材料已经成为当代建筑装饰材料的主要发展趋势，透明混凝土、木质材料、塑料材料等都在建筑装饰市场领域取得了较快的发展。②绿色环保材料成为市场的主流，只有达到国家相关环保标准的建筑材料才能进入市场。③模块化材料正快速发展，在选好材质的前提下进行个性化的备案和颜色设计已经成为现代装饰材料设计的重要方向。④当前智能材料日益推广普及，可以随着环境进行变化，不断对居住环境进行调节。以太阳能材料为代表的智能化材料正在进行研发。随着建筑装饰材料技术的发展，越来越多的材料将会出现有市场上，并且推动着建筑装饰设计的发展。⑤未来材料对建筑装饰设计有重要的影响。随着大量的未来建筑装饰材料的应用，建筑装饰设计领域将取得创新性发展，人与自然结合将成为主流设计思维。人们更注重在绿色环保材料的基础上实现可持续发展的居住理念。只有符合人们健康需求，满足人们对自然生态需求的建筑装饰材料才能赢得市场。建筑装饰材料更注重人文特征与历史文化特征，只有符合人们的理性思维，满足人们文化认同感的民族性装饰设计才会赢得用户的青睐。现代装饰材料不仅要有装饰个性特征，而且还要有新的实用功能，只有不断推动建筑装饰材料本身的进步，才能满足未来的发展需求。还应当深入研究现有材料的创新使用方法，这样才能符合现代建筑设计的实际需要。

建筑装饰的材料在不断地增加，人们对于创新性材料的喜爱程度越来越深。随着现代社会中提倡的安全环保，人们将会对环保无污染材料更加青睐。同时，随着新的设计理念和装饰工艺的不断引进，设计师的设计灵感也越来越多变，创新意识越来越强。在这种世代的发展以及人们的思维越来越发散的状态下，积极

利用新型材料进行装饰，不仅可以达到保护生态环境的目的，同时也能够在家居的内部营造出一个相对更加安全、更加健康的居住环境

建筑装饰在建筑行业中以及社会上所存在的最大价值就是增加建筑内环境的特殊意境，并对人产生一定的影响。为了实现这样的效果，不同元素的建筑材料将会是其重要的出发点与落脚点。在进行室内设计中，建筑材料的选用以及装饰的整体风格应该主要秉承以人为本的原则，并且充分融入材料与装饰用途的特点，将各类元素充分体现到建筑装饰中，为人们营造舒适和谐的室内环境，同时也带来健康、优美的视觉环境效果。材料是现代建筑装饰设计的基础，有效的材料选择和搭配可以提高建筑装饰设计的效果，在满足用户使用需求的同时，能够达到独特的装饰风格，彰显出建筑的独特魅力，实现促进建筑装饰艺术发展的目的。

总之，材料的发展对于建筑装饰设计有着至关重要的影响。只有用发展的眼光来认真分析材料的特性，大胆使用高科技材料、绿色材料、环保材料、智能材料等新型建筑装饰材料，结合当下高速城市化发展的良机，设计出环保低碳、适宜人居、风格显著的建筑装饰。

综上所述，材料的发展与建筑装饰设计之间存在密切的联系，建筑装饰材料的发展可以从很大程度上丰富建筑装饰设计的艺术风格。同时，建筑装饰设计的发展也能够推动材料的发展。在科学技术日益进步的今天，建筑材料相关研究人员应该多对创新型建筑材料进行研究，不断提升我国建筑设计工艺的整体水平，这样才能实现建筑设计的可持续发展。相信在众多研究人员的共同努力之下，未来我国建筑装饰设计中的材料发展问题会得到更大的进步，迈上新的历史阶段。

参考文献

[1] 张绮曼.室内设计的风格样式与流派[M].2版.北京：中国建筑工业出版社，2006.

[2] 彭一刚.建筑空间组合论[M].2版.北京：中国建筑工业出版社，1998.

[3] 张月.室内人体工程学[M].2版.北京：中国建筑工业出版社，2005.

[4] 潘谷西.中国建筑史[M].6版.北京：中国建筑工业出版社，2009.

[5] 来增祥，陆震纬.室内设计原理教程[M].2版.北京：中国建筑工业出版社，2006.

[6] 焦涛.建筑装饰设计原理[M].北京：机械工业出版社，2017.

[7] 吴蒙友，李记荃，李远达.建筑室内灯光环境设计[M].北京：中国建筑工业出版社，2007.

[8] 田鲁.光环境设计[M].长沙：湖南大学出版社，2006.

[9] 曹干，高海燕.室内设计[M].北京：科学出版社，2007.

[10] 屠兰芬.室内绿化与内庭[M].北京：中国建筑工业出版社，1996.

[11] 刘玉楼.室内绿化设计[M].北京：中国建筑工业出版社，1999.

[12] 高祥生.现代建筑入口、门头设计精选[M].南京：江苏科学技术出版社，2002.

[13] 罗文媛，赵明耀.建筑形式语言[M].北京：中国建筑工业出版社，2001.

[14] 张国崴.建筑装饰设计[M].北京：中国电力出版社，2007.

[15] 邓宏.办公空间设计教程[M].重庆：西南师范大学出版社，2007.

[16] 程瑞香.室内与家具设计人体工程学[M].北京：化学工业出版社，2008.

[17] 吕辰.国外最新样板间设计1：起居室[M].北京：中国建筑工业出版社，2003.

[18] 李茂虎.公共室内空间设计[M].上海：东方出版中心，2010.

[19] 楼庆西.中国传统建筑装饰[M].北京：中国建筑工业出版社，1999.

[20] 庄裕光，胡石 . 中国古代建筑装饰：雕刻 [M]. 南京：江苏美术出版社，2007.

[21] 大卫·沃特金 . 西方建筑史 [M]. 傅景川，译 . 长春：吉林人民出版社，2004.

[22] 孙晓红 . 建筑装饰材料与施工工艺 [M]. 北京：机械工业出版社，2013.

[23] 张长清，周万良，魏小胜 . 建筑装饰材料 [M]. 武汉：华中科技大学出版社，2011.

[24] 郑时龄 . 全球化影响下的中国城市与建筑 [J]. 重庆建筑，2003(02).

[25] 何星华 . 发展环境友好资源节约型建筑装饰材料 [J]. 混凝土世界，2007(02).

[26] 张海防，赵治国 . 新时期环保绿色建筑装饰材料的应用研究 [J]. 现代装饰(理论)，2013(08).

[27] 门丽，丁宁 . 品位生活——谈谈城市建筑色彩 [J]. 作家，2008（04）.

[28] 杨宁华 . 色彩在装饰设计中的应用 [J]. 安顺学院学报，2007（09）.

[29] 宋艳 . 如何提高色彩写生的技能 [J]. 郑州铁路职业技术学院学报，2006（01）.

[30] 李宁 . 21 世纪建筑装饰设计呼唤精品——迎接新的千年挑战 [J]. 广东建筑装饰，1999（04）.

[31] 龚一红，林军 . 建筑装饰室内色彩设计的探究 [J]. 建筑与文化，2008（07）.